Burkard Neumayer
Steffen Kaup

Mathematik für Ingenieure III

Aufgaben und Lösungen

Differentialgleichungen,
Differential- und Integralrechnung mehrerer Variabler,
Vektoranalysis

Zweite erweiterte und aktualisierte Auflage

Die Deutsche Nationalbibliothek verzeichnet diese Publikation in der Deutschen Nationalbibliografie; detaillierte Daten sind im Internet über http://dnb.de abrufbar.

Autoren:
Burkard Neumayer (GND 124609651)
Steffen Kaup (GND 124414486)

Zweite überarbeitete Auflage, 350 Seiten

Druck und Distribution im Auftrag der Autoren:
Tredition Verlag, Heinz-Beusen-Stieg 5, 22926 Ahrensburg, Germany

ISBN 978-3-384-04117-3

Publikation und Verbreitung erfolgen im Auftrag des Verlags, zu erreichen unter:
tredition GmbH, Abteilung "Impressumservice", An der Strusbek 10, 22926 Ahrensburg, Deutschland

Die Autoren

Prof. Dipl.-Math. Burkard Neumayer

Geboren 1956 in Würzburg. Von 1975 bis 1981 Studium der Mathematik und Philosophie mit den Nebenfächern Physik, Astronomie/Astrophysik, Pädagogik, Didaktik der Mathematik an der Julius-Maximilians-Universität Würzburg, 1981 Diplom in Mathematik. Von 1979 bis 1984 Mathematik- und Physikunterricht an verschiedenen Schulen. Seit 1984 Lehrtätigkeit an der Hochschule Offenburg, TH-Würzburg-Schweinfurt, DH-Stuttgart und HS-Hannover. Von 1985 bis 1987 Wissenschaftlicher Mitarbeiter an der Universität Würzburg. Von 1987 bis 1988 Dezernatsleiter am Niedersächsischen Landesamt für Immissionsschutz und Kernreaktorfernüberwachung Hannover. Von 1998 bis 2002 Professor für Mathematik in Stuttgart. Emeritiert seit 2022 und seit Sommer-Semester 2023 Hochschule Fulda (Technische Mechanik, Regelungstechnik, Energie- und Automatisierungstechnik) und Technische Hochschule Georg Simon Ohm Nürnberg Fakultät Angewandte Mathematik (Analysis, Lineare Algebra, Diskrete Mathematik).

Dr.-Ing. Steffen Kaup, M.Sc.

Geboren 1975 in Brilon, Studien der Elektrotechnik und Informatik in Stuttgart und London. Promotion zum Doktor der Ingenieurwissenschaften mit Simulationen zum Physical Internet an der Universität Leipzig. 1998 Einstieg in die Daimler-Benz AG als Entwicklungsingenieur für Fahrerassistenzsysteme. 2006 Wechsel zu Daimler Truck als leitender Berechnungsingenieur für Fahrleistungen, Steigfähigkeiten und Achslastverteilungen, Projektleitung für die Entwicklung eines internationalen Aufbauhersteller-Portals. Ab 2011 Fachreferent in der Konzernstrategie Elektromobilität, verantwortlich für barrierefreies Laden und Reichweitenprognosen. Anschließend Leitung eines internationalen Teams für innovative Transportkonzepte in der Daimler-Konzernforschung in Berlin. Seit 2023 Forschungsprogrammleitung für Vans und Top-End Vehicles in der Mercedes-Benz Forschung in Böblingen. Seit 2000 Lehrtätigkeit an der Dualen Hochschule Baden-Württemberg (Mathematik, Informatik, Regelungstechnik und Automobiltechnik).

Inhaltsverzeichnis

1 Differentialgleichungen

Aufgabe 1.1

Die Differentialgleichung

$$y' = \frac{x^2}{y}$$

ist durch Trennen der Variablen zu lösen.

Lösung 1.1

Die Ableitung

$$y' = \frac{x^2}{y}$$

kann auch, was sich hier anbietet, über Differentiale geschrieben werden

$$\frac{dy}{dx} = \frac{x^2}{y}$$

Die Schreibweise mit Differentialen liefert

$$ydy = x^2dx \;\Rightarrow\; \int ydy = \int x^2dx \;\Rightarrow\; \frac{y^2}{2} = \frac{x^3}{3} + C \;\Rightarrow\; y^2 = \frac{2}{3}x^3 + C$$

Es handelt sich hier um eine Lösung in impliziter Darstellung, welche dahingehend überprüft werden kann, daß eine implizite Differentiation der Lösung vorgenommen wird.

Es ergibt sich

$$y^2 = \frac{2}{3}x^3 + C \;\Rightarrow\; 2yy' = \frac{2}{3} \cdot 3 \cdot x^2 = 2x^2 \;\Rightarrow\; y' = \frac{2x^2}{2y} = \frac{x^2}{y^2}$$

Aufgabe 1.2

Die Differentialgleichung

$$y' = \frac{y^2 + 1}{x^2 + 1}$$

ist durch Trennen der Variablen zu lösen.

Lösung 1.2

Die vorliegende Differentialgleichung

$$y' = \frac{y^2 + 1}{x^2 + 1}$$

wird mit Differentialen geschrieben, d.h.

$$\frac{dy}{dx} = \frac{y^2 + 1}{x^2 + 1}$$

Die Trennung ergibt

$$\frac{dy}{y^2 + 1} = \frac{dx}{x^2 + 1}$$

Damit kann auf beiden Seiten integriert werden

$$\int \frac{dy}{y^2 + 1} + C_1 = \int \frac{dx}{x^2 + 1} + C_2$$

$$arctan(y) + C_1 = arctan(x) + C_2$$

Beide Konstante C_1, C_2 können zu einer Konstanten C zusammengefasst werden.

$$arctan(y) = arctan(x) + C$$

Die beidseitige Anwendung der tan-Funktion liefert

$$tan(arctan(y)) = tan(arctan(x) + C)$$

$$y = tan(arctan(x) + C)$$

Mit dieser Lösung könnte man einverstanden sein, jedoch bietet sich hier an, durch Anwendung eines Additionstheorems trigonometrischer Funktionen

$$tan\,(\alpha + \beta) = \frac{tan(\alpha) + \tan(\beta)}{1 - tan(\alpha)tan(\beta)}$$

die folgende Umformung vorzunehmen

$$y = tan\,[arctan(x) + C] \quad = \quad \frac{tan(arctan(x)) + tan(C)}{1 - tan(arctan(x)) \cdot tan(C)} =$$

$$= \quad \frac{x + tan(C)}{1 - x \cdot tan(C)} = \frac{x + C_3}{1 - x \cdot C_3}$$

Eine Probe liefert für beide Lösungsvarianten deren Korrektheit.

Aufgabe 1.3

Die Differentialgleichung

$$y' = \frac{1}{x}\sqrt{1 - y^2}$$

ist durch Trennen der Variablen zu lösen.

Lösung 1.3

Die zu betrachtende Differentialgleichung

$$y' = \frac{1}{x}\sqrt{1 - y^2}$$

ergibt die Umschreibung

$$\frac{dy}{dx} = \frac{1}{x}\sqrt{1 - y^2}$$

und geht nach Trennung der Variablen über in

$$\frac{dy}{\sqrt{1 - y^2}} = \frac{dx}{x}$$

Die beidseitige Integration unter Berücksichtigung der Integrationskonstanten auf einer Seite ergibt

$$\int \frac{dy}{\sqrt{1 - y^2}} = \int \frac{dx}{x} + C$$

Die Integration kann über eine Integrationstabelle ausgeführt werden, was das folgende Ergebnis ergibt

$$arcsin(y) = ln(x) + C$$

Die beidseitige Anwendung der sin-Funktion liefert

$$sin\left[arcsin(y)\right] = sin\left[ln(x) + C\right]$$

was zur Lösung

$$y = sin\left[ln(x) + C\right]$$

führt.

Aufgabe 1.4

Die Differentialgleichung

$$y' = \frac{ln\,|x|}{1 + y^2}$$

mit der angegebenen Anfangsbedingung

$$y(1) = 0$$

ist zu lösen.

Lösung 1.4

Betrachtet werde die Differentialgleichung

$$y' = \frac{ln\,|x|}{1+y^2} \quad x_0 = 1,\ y_0 = 0$$

die zunächst mit Differentialen geschrieben werden kann

$$\frac{dy}{dx} = \frac{ln\,|x|}{1+y^2} \ \Rightarrow\ (1+y^2)dy = ln\,|x|\,dx$$

Die beidseitige Integration wird unter Berücksichtigung der Anfangsbedingungen ausgeführt, was bedeutet, dass keine Konstanten zu berücksichtigen sind.

$$\int\limits_0^y (1+y^2)dy \ = \ \int\limits_1^x ln\,|x|\,dx$$

$$\left[y + \frac{y^3}{3}\right]_0^y \ = \ \left[|x| + |x|\,ln\,|x|\right]_1^x = |x| + |x|\,ln\,|x| - |1| - |1|\,ln\,|1|$$

$$y + \frac{y^3}{3} \ = \ |x| + |x|\,ln\,|x| - 1$$

Die Anfangsbedingungen

$$x_0 = 1,\ y_0 = 0$$

liefern

$$0 = |1| + |1|\,ln\,|1| - 1$$

Das Integral

$$\int ln\,|x|\,dx$$

soll detaillierter betrachtet werden.

$$\int ln\,|x|\,dx \ = \ \int ln(y)dy\,|1| = [y\,ln(y) + y] \cdot |1| =$$

$$= \ \left[|x|\,ln\,|x| + |x|\right] \cdot |1| =$$

$$= \ |x|\,ln\,|x| + |x| + C$$

Aufgabe 1.5

Die Differentialgleichung

$$y' = xy^3 \cdot \frac{1}{\sqrt[2]{1 + x^2}}$$

mit der Anfangsbedingung

$$y(0) = -1$$

ist zu lösen.

Lösung 1.5

Für die Differentialgleichung

$$y' = xy^3 \cdot \frac{1}{\sqrt[2]{1+x^2}} \qquad x_0 = 0, \; y_0 = -1$$

ergibt sich ohne vorläufige Berücksichtigung der Anfangsbedingungen die Umschreibung mit Differentialen

$$y' = xy^3 \cdot \frac{1}{\sqrt[2]{1+x^2}} \;\Rightarrow\; y' = \frac{x}{\sqrt[2]{1+x^2}} \cdot y^3 \;\Rightarrow\; \frac{dy}{dx} = \frac{x}{\sqrt[2]{1+x^2}} \cdot y^3$$

Die Trennung der Variablen liefert

$$\frac{dy}{y^3} = \frac{x}{\sqrt[2]{1+x^2}} \, dx$$

Unter Berücksichtigung der Anfangsbedingungen ergibt sich mittels beidseitiger Integration

$$\int\limits_{-1}^{y} \frac{dy}{y^3} \;=\; \int\limits_{0}^{x} \frac{x}{\sqrt{1+x^2}}$$

$$\left[\frac{y^{-2}}{-2} \right]_{-1}^{y} \;=\; \int\limits_{0}^{x} \frac{x}{\sqrt{1+x^2}}$$

$$-\frac{1}{2y^2} + \frac{1}{2} \;=\; \int\limits_{0}^{x} \frac{x\,dx}{\sqrt{1+x^2}}$$

Das Integral

$$\int\limits_{0}^{x} \frac{x\,dx}{\sqrt{1+x^2}}$$

kann durch Substitution, wie im Folgenden dargelegt wird, gelöst werden. Es bietet sich die Substitution

$$1 + x^2 := t$$

an, d.h.

$$\frac{dt}{dx} = 2x \;\Rightarrow\; dx = \frac{dt}{2x}$$

Damit ergibt sich dann für die Integration

$$\int\limits_{0}^{x} \frac{x\,dx}{\sqrt{1+x^2}} \;=\; \int\limits_{1}^{t} \frac{x\,dt}{2x\sqrt{t}} = \frac{1}{2} \int\limits_{1}^{t} t^{\frac{1}{2}}\,dt = \left[\frac{1}{2} \cdot \frac{t^{\frac{1}{2}}}{\frac{1}{2}} \right]_{1}^{t} =$$

$$=\; \left[\frac{\sqrt{t}}{1} \right]_{1}^{t} = \sqrt{t} - 1 = \sqrt{1+x^2} - 1$$

Damit kann jetzt an obiger Stelle weiter gerechnet werden

$$-\frac{1}{2y^2} + \frac{1}{2} = \sqrt{1+x^2} - 1$$

$$-\frac{1}{2y^2} = \sqrt{1+x^2} - \frac{3}{2}$$

$$-2y^2 = \frac{1}{\sqrt{1+x^2} - \frac{3}{2}}$$

Das Auflösen nach y gelingt nicht in expliziter, sondern nur in impliziter Form, d.h.

$$y^2 = \frac{1}{3 - 2\sqrt{1+x^2}}$$

Über die implizite Differentiation gelingt der Nachweis der Korrektheit der Lösung.

Aufgabe 1.6

Betrachtet werde die Differentialgleichung

$$y' \cdot cos(x) + y = 0$$

1. Es ist die allgemeine Lösung zu bestimmen.

2. Für die Anfangsbedingungen $y_0 = 1$, $x_0 = 0$ ist die spezielle Lösung anzugeben.

3. Es ist nachzuweisen, dass die Funktion y mit

$$y = c \cdot \sqrt[2]{\frac{1 - sin(x)}{1 + sin(x)}}$$

Lösung der Differentialgleichung ist.

Lösung 1.6

Zu 1.)

Die Differentialgleichung

$$y' \cdot cos(x) + y = 0$$

läßt eine Trennung der Variablen zu

$$y' \cdot cos(x) + y = 0 \quad \Rightarrow \quad \frac{dy}{dx}cos(x) + y = 0 \quad \Rightarrow \quad dycos(x) + ydx = 0$$

$$\Rightarrow \quad \frac{dy}{dx}cos(x) = -y \quad \Rightarrow \quad \frac{dy}{y} = -\frac{1}{cos(x)}dx$$

Die Integration liefert

$$\int \frac{dy}{y} = -\int \frac{1}{cos(x)}dx + C$$

$$ln(y) = -ln\left(tan\left(\frac{x}{2} + \frac{\pi}{4}\right)\right) + ln(C_1) = ln(1) - ln\left(tan\left(\frac{x}{2} + \frac{\pi}{4}\right)\right) + ln(C_1) =$$

$$= ln\left(\frac{C_1}{tan\left(\frac{x}{2} + \frac{\pi}{4}\right)}\right)$$

Aus den beiden Argumenten des Logarithmus ergibt sich die Lösung y zu

$$y = \frac{C_1}{tan\left(\frac{x}{2} + \frac{\pi}{4}\right)}$$

Zu 2.)

Das Einsetzen der Anfangsbedingung $y_0 = 1$, $x_0 = 0$ ergibt für die oben gewonnene Lösung

$$1 = \frac{C}{tan\left(0 + \frac{\pi}{4}\right)} = \frac{C}{1} \quad \Rightarrow \quad C = 1$$

Damit ergibt sich die spezielle Lösung zu

$$y_{spez.} = \frac{1}{tan\left(\frac{x}{2} + \frac{\pi}{4}\right)}$$

durch den Punkt

$$x_0 = 0, \quad y_0 = 1$$

Zu 3.)

Für den Nachweis, dass die Funktion

$$y = c \cdot \sqrt[2]{\frac{1 - sin(x)}{1 + sin(x)}}$$

Lösung der Differentialgleichung ist, ist diese zunächst nach der Variablen x abzuleiten.

$$y' = \frac{dy}{dx}\left(c \cdot \sqrt[2]{\frac{1 - sin(x)}{1 + sin(x)}}\right) = \frac{c}{2\sqrt[2]{\frac{1-sin(x)}{1+sin(x)}}} \frac{d}{dx}\left(\frac{1 - sin(x)}{1 + sin(x)}\right) =$$

$$= \frac{c}{2\sqrt[2]{\frac{1-sin(x)}{1+sin(x)}}} \cdot \frac{(1 + sin(x))(-cos(x)) - (1 - sin(x))cos(x)}{[1 + sin(x)]^2} =$$

$$= \frac{c}{2\sqrt[2]{\frac{1-sin(x)}{1+sin(x)}}} \cdot \frac{-cos(x) - sin(x)cos(x) + sin(x)cos(x)}{[1 + sin(x)]^2} =$$

$$= \frac{-2c\,cos(x)}{2\sqrt[2]{\frac{1-sin(x)}{1+sin(x)}}\,[1 + sin(x)]^2} = \frac{-c\,cos(x)}{\sqrt[2]{\frac{1-sin(x)}{1+sin(x)}}\,[1 + sin(x)]^2}$$

Die Ableitung

$$y' = \frac{-c\,cos(x)}{\sqrt[2]{\frac{1-sin(x)}{1+sin(x)}}\,[1 + sin(x)]^2}$$

wird in die Differentialgleichung

$$y'cos(x) + y = 0$$

eingesetzt, d.h.

$$\frac{-c\,cos(x)}{\sqrt[2]{\frac{1-sin(x)}{1+sin(x)}}\,[1 + sin(x)]^2}\,cos(x) + c \cdot \sqrt[2]{\frac{1 - sin(x)}{1 + sin(x)}} =$$

$$= \frac{-c\,cos^2(x)}{\sqrt[2]{\frac{1-sin(x)}{1+sin(x)}}\,[1 + sin(x)]^2} + c \cdot \sqrt[2]{\frac{1 - sin(x)}{1 + sin(x)}} =$$

$$= \frac{-cos^2(x) \cdot c + c \cdot \sqrt[2]{\frac{1-sin(x)}{1+sin(x)}} \cdot \sqrt[2]{\frac{1-sin(x)}{1+sin(x)}} \cdot [1 + sin(x)]^2}{\sqrt[2]{\frac{1-sin(x)}{1+sin(x)}} \cdot [1 + sin(x)]^2} = 0$$

Die Gleichung

$$\frac{-cos^2(x)\cdot c + c\cdot \sqrt[2]{\frac{1-sin(x)}{1+sin(x)}}\cdot \sqrt[2]{\frac{1-sin(x)}{1+sin(x)}}\cdot [1+sin(x)]^2}{\sqrt[2]{\frac{1-sin(x)}{1+sin(x)}}\cdot [1+sin(x)]^2} = 0$$

wird mit dem Faktor

$$\sqrt[2]{\frac{1-sin(x)}{1+sin(x)}}\cdot [1+sin(x)]^2$$

multipliziert, d.h.

$$-cos^2(x)\cdot c + c\cdot \frac{1-sin(x)}{1+sin(x)}[1+sin(x)]^2 \;=\; -cos^2(x)\cdot c + c\underbrace{\left[1-sin^2(x)\right]}_{cos^2(x)} =$$

$$= \; -cos^2(x)\cdot c + c\cdot cos^2(x) = 0$$

Damit ist nachgewiesen, dass die obige Funktion Lösung der Differentialgleichung ist.

Aufgabe 1.7

Betrachtet wird die Differentialgleichung

$$dx + (1 - x^2) \cdot cot(y)dy = 0$$

1. Welche Eigenschaft hat die Differentialgleichung?

2. Die allgemeine Lösung ist anzugeben.

Lösung 1.7

Zu 1.)

Es handelt sich um eine Differentialgleichung 1. Ordnung, bei welcher das Trennen der Variablen möglich ist.

Zu 2.)

Die Umformung der Differentialgleichung

$$dx + (1 - x^2) \cdot cot(y)dy = 0$$

in eine separable Form liefert

$$(1 - x^2)cot(y)dy = -dx \;\Rightarrow\; cot(y)dy = -\frac{dx}{1 - x^2}$$

Die beidseitige Integration ergibt dann

$$\int cot(y)dy = -\int \frac{dx}{1 - x^2} + C = -\int \frac{dx}{(1 - x)(1 + x)} + C$$

Das Integral auf der linken Seite kann nach Tabelle oder über die Form

$$\int \frac{f'(x)}{f(x)}dx = ln(f(x))$$

bestimmt werden, d.h.

$$\int cot(y)dy = \int \frac{cos(y)}{sin(y)}dy = ln(sin(y))$$

Beim Integral auf der rechten Seite muss zunächst eine Partialbruchzerlegung der Integrandenfunktion vorgenommen werden, was auf die folgende Weise geschieht.

$$\frac{1}{(1 - x)(1 + x)} = \frac{A}{1 - x} + \frac{B}{1 + x} \;\Big|\cdot \underbrace{(1 - x)(1 + x)}_{\text{Hauptnenner}}$$

$$1 = A(1 + x) + B(1 - x) = A + Ax + B - Bx = x(A - B) + A + B$$

Der aus

$$A - B = 0 \quad \text{und} \quad A + B = 1$$

gewonnene Koeffizientenvergleich liefert

$$A = B = \frac{1}{2}$$

und somit kann die Integration für die oben gewonnene rechte Seite wie folgt geschrieben werden

$$ln(sin(y)) = - \left[\frac{1}{2} \int \frac{1}{1-x} dx + \frac{1}{2} \int \frac{1}{1+x} dx \right] + \underbrace{C}_{ln(C_1)}$$

Die Integration liefert

$$ln(sin(y)) = -\frac{1}{2} \left[-ln(1-x) + ln(1+x) \right] = \frac{1}{2} \left[ln(1-x) - ln(1+x) \right] =$$

$$= \frac{1}{2} ln \left(\frac{1-x}{1+x} \right) + ln(C_1)$$

Die Multiplikation beider Seiten mit dem Faktor 2 ergibt

$$ln(sin(y)) = \frac{1}{2} ln \left(\frac{1-x}{1+x} \right) + ln(C_1) \mid \cdot 2$$

$$2\, ln(sin(y)) = ln \left(\frac{1-x}{1+x} \right) + \underbrace{2\, ln(C_1)}_{=:ln(C)}$$

Die Anwendung der logarithmischen Sätze ergibt dann

$$ln(sin^2(y)) = ln \left(C \cdot \frac{1-x}{1+x} \right)$$

Aus der Gleichheit der Logarithmen kann auf die Gleichheit der Argumente geschlossen werden, d.h.

$$C \cdot \frac{1-x}{1+x} = sin^2(y) \;\Rightarrow\; sin(y) = \pm \sqrt{C \cdot \frac{1-x}{1+x}}$$

Damit ergibt sich durch Anwendung der Funktion arcsin auf beide Seiten sofort die Lösung der Differentialgleichung zu

$$y = arcsin \sqrt{C \cdot \frac{1-x}{1+x}} \quad \text{für } (x \neq -1)$$

Aufgabe 1.8

Betrachtet wird die Differentialgleichung

$$y' \; sin(2x) = 2y + 1$$

1. Eine Klassifizierung der Differentialgleichung ist vorzunehmen.

2. Die allgemeine Lösung ist anzugeben.

3. Wie lautet die spezielle Lösung durch den Punkt

$$P(x = \frac{\pi}{4}; y = 1)$$

Hinweis: Für die Durchführung der Integration kann eine Integrationstabelle herangezogen werden.

Lösung 1.8

Zu 1.)

Bei der Differentialgleichung handelt es sich um eine Differentialgleichung erster Ordnung, wobei eine Trennung der Variablen möglich ist.

Zu 2.)

Es gelingt die folgende Umformung

$$y'\sin(2x) = 2y + 1 \ \Rightarrow \ \frac{dy}{dx}\sin(2x) = 2y + 1 \ \Rightarrow \ \frac{dy}{2y+1} = \frac{dx}{\sin(2x)}$$

für

$$2x \neq k\pi \ (k \in \mathbb{Z}) \ \text{ und } \ y \neq -\frac{1}{2}, \ x \neq 0$$

ohne Einschränkung auf ein bestimmtes Intervall, beispielsweise werde $]0, \pi[$ gewählt.

Die Integration der separierten Differentialgleichung ergibt

$$\int \frac{dy}{2y+1} = \int \frac{dx}{\sin(2x)} + C \ \Rightarrow \ \frac{1}{2}ln(2y+1) = \frac{1}{2}ln\left[tan(x)\right] + \frac{1}{2}ln(C)$$

Die Integration kann mittels einer Integrationstabelle ausgeführt werden. Es gilt weiter

$$2y + 1 = tan(x) \cdot C \ \Rightarrow \ 2y = tan(x) \cdot C - 1 \ \Rightarrow \ y = \frac{1}{2}\left[tan(x) \cdot C - 1\right]$$

Zu 3.)

Um eine spezielle Lösung durch den Punkt P zu gewinnen, werden seine Koordinaten in die allgemeine Lösung eingesetzt, d.h.

$$1 = \frac{1}{2}\left[tan\left(\frac{\pi}{4}\right) \cdot C - 1\right] \ \Rightarrow \ 1 = \frac{1}{2}(1 \cdot C - 1) = \frac{C}{2} \ \Rightarrow \ C = 3$$

Dies liefert eine spezielle Lösung durch den Punkt P

$$y_{spez.}(x) = \frac{1}{2}\left[3tan(x) - 1\right]$$

Aufgabe 1.9

Die Lösung der Differentialgleichung

$$y' = -\frac{y^2}{2x + 1}$$

ist unter Angabe aller Fallbetrachtungen zu bestimmen.

Lösung 1.9

Nach dem folgenden Schema werden die Variablen getrennt

$$y' = -\frac{y^2}{2x+1}$$

$$y' = \frac{1}{2x+1}(-y^2)$$

$$-\frac{dy}{y^2} = \frac{dx}{2x+1} \quad (y \neq 0,\ x \neq -\frac{1}{2})$$

Die Integration liefert

$$-\int \frac{dy}{y^2} = \int \frac{dx}{2x+1}$$

$$\frac{1}{y} = \frac{1}{2}ln\,|2x+1| + C$$

Aufgelöst nach y ergibt sich

$$y = \frac{1}{C + \frac{1}{2}ln\,|2x+1|}$$

Der Fall $y = 0$ wurde ausgeschlossen, jedoch zeigt sich, dass $y = 0$ ebenfalls Lösung der Differentialgleichung ist.

Aufgabe 1.10

Die allgemeine Lösung der Differentialgleichung

$$y' = x^2(y^2 + 1)$$

ist zu bestimmen.

Lösung 1.10

Die Differentialgleichung

$$y' = x^2(y^2 + 1)$$

läßt mit

$$f(x) = x^2 \quad \text{und} \quad g(y) = y^2 + 1$$

die folgende Trennung der Variablen zu

$$y' = x^2(y^2 + 1) = f(x) \cdot g(y)$$

damit ergibt sich

$$\frac{y'}{y^2 + 1} = x^2$$

$$\frac{dy}{y^2 + 1} = x^2 dx$$

$$arctan(y) = \frac{x^3}{3} + C \ (C \in \mathbb{R})$$

Durch beidseitige Anwendung der Tangensfunktion ergibt sich die Lösung der Differentialgleichung

$$y = tan\left(\frac{1}{3}x^3 + C\right) \ (C \in \mathbb{R}) \ \text{und} \ \frac{1}{3}x^3 + C \neq \pm\frac{\pi}{2}$$

Aufgabe 1.11

Bei der Differentialgleichung

$$y' = (x + y)^2$$

ist die Lösung zu bestimmen.

Lösung 1.11

Mit der Substitution

$$z := x + y$$

ergibt sich

$$z' = 1 + y' = 1 + z^2$$

Aus

$$z' = 1 + z^2$$

ergibt sich

$$\frac{dz}{dx} = 1 + z^2$$

$$\frac{dz}{1 + z^2} = dx$$

$$\int \frac{dz}{1 + z^2} = \int dx$$

$$\Rightarrow \ arctan(z) = x + C$$

Mit

$$-\frac{\pi}{2} < x + C < \frac{\pi}{2}$$

ergibt sich bei Rückführung der Substitution über

$$x + y = tan\,(x + C) \ \Rightarrow \ y = -x + tan\,(x + C) \qquad x \in \left(-\frac{\pi}{2} - C, \ \frac{\pi}{2} - C \right)$$

die Lösung

$$x + y = z = tan\,(x + C)$$

Aufgabe 1.12

Bei der Differentialgleichung

$$(3x^2 - y^2)y' = 2xy$$

ist mittels Substitution und Partialbruchzerlegung die Lösung zu bestimmen.

Lösung 1.12

Die Differentialgleichung

$$(3x^2 - y^2)y' = 2xy$$

wird durch x^2 mit $x \neq 0$ dividiert, damit ergibt sich

$$\left[3 - \left(\frac{y}{x}\right)^2\right] y' = 2\frac{y}{x} \quad \text{für } x \neq 0$$

Betrachtet wird die Substitution

$$z := \frac{y}{x}$$

welche aufgelöst nach y und Differentiation folgendes ergibt

$$zx = y \;\Rightarrow\; y' = xz' + z$$

Eingesetzt in die umgeformte Differentialgleichung ergibt sich

$$(3 - z^2)(xz' + z) = 2z \;\Rightarrow\; (3 - z^2)xz' = 2z - 3z + z^3 = z^3 - z \;\Rightarrow\; (3 - z^2)xz' = z^3 - z$$

Mit $z \neq 0$ und $z^2 \neq 1$ gilt dann sofort

$$\frac{3 - z^2}{z^3 - z} = \frac{1}{xz'} = \frac{1}{x}\frac{dx}{dz} \;\Rightarrow\; \int \underbrace{\frac{3 - z^2}{z^3 - z}}_{PBZ}\, dz = \int \frac{dx}{x} = ln\,|x| + ln(C_1)$$

Für die durchzuführende Partialbruchzerlegung ergibt sich

$$\frac{3 - z^2}{z^3 - z} = \frac{3 - z^2}{z(z^2 - 1)} = \frac{3 - z^2}{z(z - 1)(z + 1)} = \frac{A}{z} + \frac{B}{z - 1} + \frac{C}{z + 1}$$

$$
\begin{aligned}
3 - z^2 \;&=\; A(z^2 - 1) + B(z^2 + z) + C(z^2 - z) = Az^2 - A + Bz^2 + Bz + Cz^2 - Cz = \\
&=\; z^2(A + B + C) + z(B - C) - A
\end{aligned}
$$

Der Koeffizientenvergleich ergibt

$$A = -3,\; B - C = 0,\; A + B + C = -1 \;\Rightarrow\; B = C$$

und damit ist

$$B = 1 = C$$

Dies führt zu

$$ln\,|x| = \int \left(\frac{-3}{z} + \frac{1}{z - 1} + \frac{1}{z + 1}\right) dz + ln(C_1) \quad \text{mit } C_1 > 0$$

$$ln\,|x| = -3ln\,|z| + ln\,|z-1| + ln\,|z+1| + ln(C_1) = ln(C_1)\left|\frac{z^2-1}{z^3}\right|$$

Von der Gleichheit der Logarithmen auf beiden Seiten kann auf die Gleichheit der Argumente geschlossen werden, d.h.

$$|x| = C_1\left|\frac{z^2-1}{z^3}\right|$$

Die für C_1 getroffene Einschränkung kann jetzt wegfallen und es kann $C_1 \in \mathbb{R}$ gewählt werden, damit gilt nach einer elementaren Umformung

$$z^3 = C_1\,\frac{z^2-1}{x} \quad C_1 \neq 0$$

Die Rückführung ergibt

$$\frac{y^3}{x^3} = \frac{C_1}{x}\left(\frac{y^2}{x^2}-1\right) \;\Rightarrow\; y^3 = C_1\left(y^2-x^2\right)$$

Die so gewonnene Lösung

$$y^3 = C_1\left(y^2-x^2\right)$$

stellt eine implizite Form dar, deren Korrektheit durch implizite Differentiation nachgeprüft werden kann.

Aufgabe 1.13

Für die Differentialgleichung

$$y'' + 3y' + 2y = 0$$

ist eine Klassifikation vorzunehmen und die Lösung zu bestimmen.

Lösung 1.13

Bei der Differentialgleichung

$$y'' + 3y' + 2y = 0$$

handelt es sich um eine homogene lineare Differentialgleichung zweiter Ordnung mit konstanten Koeffizienten. Der Lösungsansatz

$$y = e^{mx} \;\Rightarrow\; y' = me^{mx} \;\Rightarrow\; y'' = m^2 e^{mx}$$

liefert eingesetzt in die Differentialgleichung

$$m^2 e^{mx} + 3me^{mx} + 2e^{mx} = 0 \;\Rightarrow\; (m^2 + 3m + 2)e^{mx} = 0$$

Hieraus ergibt sich die charakteristische Gleichung

$$m^2 + 3m + 2 = 0 \;\Rightarrow\; (m+1)(m+2) = 0 \;\Rightarrow\; m_1 = -1,\; m_2 = -2$$

Die allgemeine Lösung der homogenen Differentialgleichung ergibt sich zu

$$y(x) = Ae^{-x} + Be^{-2x}$$

Aufgabe 1.14

Für die Differentialgleichung

$$y''' - y'' - y' + y = 0$$

ist eine Klassifikation vorzunehmen und die Lösung zu bestimmen.

Bei der Differentialgleichung

$$y''' - y'' - y' + y = 0$$

handelt es sich um eine homogene lineare Differentialgleichung dritter Ordnung mit konstanten Koeffizienten. Der Lösungsansatz

$$y = e^{mx} \;\Rightarrow\; y' = me^{mx} \;\Rightarrow\; y'' = m^2 e^{mx} \;\Rightarrow\; y''' = m^3 e^{mx}$$

liefert nach obigem Vorgehen die charakteristische Gleichung

$$m^3 - m^2 - m + 1 = 0 \;\Rightarrow\; (m-1)^2(m+1) = 0 \;\Rightarrow\; m_1 = 1,\; m_2 = -1$$

Es ist zu ersehen, dass

$$m_1 = 1$$

eine doppelte Nullstelle ist und

$$m_2 = -1$$

eine einfache Nullstelle. Der Tatsache, dass eine doppelte Nullstelle vorliegt muss bei der allgemeinen Lösung berücksichtigt werden. Diese ergibt sich zu

$$y(x) = (A + Bx)e^x + Ce^{-x}$$

Aufgabe 1.15

Betrachtet wird die Differentialgleichung

$$y'' - y + xe^{-x} = 0$$

1. Um welchen Typ von Differentialgleichung handelt es sich?

2. Die allgemeine Lösung ist zu bestimmen.

3. Die spezielle Lösung zur Randbedingung.

$$y(0) = y(-1) = 0$$

ist anzugeben.

Lösung 1.14

Zu 1.)

Es handelt sich um eine inhomogene Differentialgleichung 2-ter Ordnung mit konstanten Koeffizienten.

Zu 2.)

Zunächst werde die zugehörige homogene Differentialgleichung

$$y'' - y = 0$$

betrachtet, welche die folgende charakteristische Gleichung mit den beiden Nullstellen aufweist

$$m^2 - 1 = 0 \;\Rightarrow\; m_1 = +1 \;\; m_2 = -1$$

Damit ergibt sich die allgemeine Lösung der homogenen Differentialgleichung zu

$$y_H(x) = C_1 e^x + C_2 e^{-x}$$

Die Störfunktion

$$s(x) = -x e^{-x}$$

setzt sich aus der Funktion e^{-x} und der Funktion x zusammen, wobei für beide ein Ansatz bekannt ist. Es ergeben sich die folgenden Ansätze

$$e^{-x} \longrightarrow a x e^{-x}$$

Es ist $c = m_2 = -1$ einfache Lösung

$$x \longrightarrow b_0 + b_1 x$$

Damit gilt für die partikuläre Lösung

$$y_p(x) \;=\; (b_0 + b_1 x) a x e^{-x} = x e^{-x}[ab_0 + ab_1 x] = x e^{-x}[a_0 + a_1 x] =$$

$$=\; a_0 x e^{-x} + a_1 x^2 e^{-x}$$

mit

$$a_0 := ab_0 \quad a_1 := ab_1$$

Die Ableitungen des partikulären Ansatzes ergeben

$$y_p'(x) \;=\; a_0 e^{-x} + a_0 x(-1)e^{-x} + 2a_1 x e^{-x} + a_1 x^2(-1)e^{-x} =$$

$$=\; a_0 e^{-x} - a_0 x e^{-x} + 2a_1 x e^{-x} - a_1 x^2 e^{-x}$$

$$y_p''(x) = -a_0 e^{-x} - \left[a_0 e^{-x} + a_0 x(-1)e^{-x}\right] + 2a_1 e^{-x} + 2a_1 x(-1)e^{-x} - \left[2a_1 x e^{-x} + a_1 x^2(-1)e^{-x}\right] =$$

$$= -a_0 e^{-x} - a_0 e^{-x} + a_0 x e^{-x} + 2a_1 e^{-x} - 2a_1 x e^{-x} - 2a_1 x e^{-x} + a_1 x^2 e^{-x} =$$

$$= e^{-x}\left[-a_0 - a_0 + a_0 x + 2a_1 - 2a_1 x - 2a_1 x + a_1 x^2\right] =$$

$$= e^{-x}\left[-2a_0 + a_0 x + 2a_1 - 4a_1 x + a_1 x^2\right]$$

Eingesetzt in die Differentialgleichung ergibt sich

$$y'' - y = e^{-x}\left[-2a_0 + a_0 x + 2a_1 - 4a_1 x + a_1 x^2\right] - x e^{-x}\left[a_0 + a_1 x\right] =$$

$$= -x e^{-x}$$

Damit gilt

$$e^{-x}\left[-2a_0 + a_0 x + 2a_1 - 4a_1 x + a_1 x^2\right] - x e^{-x}\left[a_0 + a_1 x\right] = -x e^{-x}$$

$$e^{-x}\, a_1 x^2 - x(4a_1 - a_0) + 2a_1 - 2a_0 - a_0 x - a_1 x^2 = -x e^{-x}$$

$$e^{-x}\left\{2a_1 - 2a_0 - 4x a_1\right\} = -x e^{-x}$$

$$\Rightarrow 2a_1 - 2a_0 - 4x a_1 = -x$$

Es ergibt sich der folgende Koeffizientenvergleich

$$
\begin{array}{lll}
(1) & 4a_1 & = 1 \\
(2) & 2a_1 - 2a_0 & = 0
\end{array}
$$

Gleichung (1) liefert $a_1 = \frac{1}{4}$ und Gleichung (2) liefert $a_1 = a_0$. Dann ergibt sich sofort

$$a_0 = \frac{1}{4}$$

und die partikuläre Lösung lautet

$$y_p(x) = \frac{1}{4}\left[x e^{-x} + x^2 e^{-x}\right]$$

Die allgemeine Lösung der inhomogenen Differentialgleichung ergibt sich dann zu

$$y_A(x) = C_1 e^{x} + C_2 e^{-x} + \frac{1}{4}\left[x e^{-x} + x^2 e^{-x}\right]$$

Zu 3.)

Speziell gilt

$$y(0) = y(-1) = 0$$

und damit

$$y_p(x) = \frac{1}{4}(1 + x)xe^{-x}$$

was die Bedingung erfüllt.

Damit ergibt sich eine spezielle Lösung zu

$$y_{spez.}(x) = \frac{1}{4}(1 + x)xe^{-x}$$

Aufgabe 1.16

Gegeben sei die Differentialgleichung

$$y'' + 2y' + 5y = sin(2x)$$

1. Der Typ der Differentialgleichung ist zu bestimmen.

2. Die allgemeine Lösung ist anzugeben.

Lösung 1.15

Zu 1.)

Bei der Differentialgleichung handelt es sich um eine inhomogene Differentialgleichung 2-ter Ordnung mit konstanten Koeffizienten.

Zu 2.)

Die homogene Differentialgleichung

$$y'' + 2y' + 5y = 0$$

hat die charakteristische Gleichung

$$m^2 + 2m + 5 = 0$$

welche über

$$m_{1/2} = \frac{1}{2}\left[-2 \pm \sqrt{4 - 4 \cdot 5}\right] = \frac{-2 \pm 4i}{2}$$

die Nullstellen

$$m_1 = -1 + 2i \quad m_2 = -1 - 2i$$

liefert. Damit ergibt sich die allgemeine Lösung der homogenen Differentialgleichung zu

$$y_H(x) = C_1 e^{m_1 x} + C_2 e^{m_2 x} = C_1 e^{(-1+2i)x} + C_2 e^{(-1-2i)x}$$

mit

$$e^{iz} = cos(z) + isin(z)$$

ergibt sich die folgende Umformung

$$C_1 e^{(-1+2i)x} + C_2 e^{(-1-2i)x} = C_1 e^{-x+i2x} + C_2 e^{-x-i2x} = e^{-x}\left[C_1 e^{i2x} + C_2 e^{-i2x}\right] =$$

$$= e^{-x}\left[C_1 \left(cos(2x) + isin(2x)\right) + C_2 \left(cos(2x) - isin(2x)\right)\right] =$$

$$= e^{-x}\left[(C_1 + C_2)cos(2x) + (C_1 i - C_2 i)sin(2x)\right] =$$

$$= e^{-x}\left[Acos(2x) + Bsin(2x)\right]$$

mit den komplexen Konstanten

$$A, B \in \mathbb{C}$$

Es gilt

$$A = C_1 + C_2 \quad B = i(C_1 - C_2)$$

Damit ergibt sich die allgemeine Lösung der homogenen Differentialgleichung zu

$$y_H(x) = e^{-x}\left[Acos(2x) + Bsin(2x)\right]$$

Zum Bestimmen einer speziellen Lösung wird die rechte Seite, d.h. die Störfunktion betrachtet. Es gilt, dass

$$i\beta = i2$$

keine Lösung der charakteristischen Gleichung ist. Dies liefert den Ansatz

$$y_p(x) = C\,sin(2x) + D\,cos(2x)$$

woraus sich die Ableitungen ergeben

$$y_p'(x) = 2C\,cos(2x) - 2D\,sin(2x)$$

$$y_p''(x) = -4C\,sin(2x) - 4D\,cos(2x)$$

Das Einsetzen in die Differentialgleichung liefert

$$y'' + 2y' + 5y =$$

$$= -4C\,sin(2x) - 4D\,cos(2x) + 2\left[2C\,cos(2x) - 2D\,sin(2x)\right] + 5\left[C\,sin(2x) + D\,cos(2x)\right] =$$

$$= -4C\,sin(2x) - 4D\,cos(2x) + 4C\,cos(2x) - 4D\,sin(2x) + 5C\,sin(2x) + 5D\,cos(2x) =$$

$$= sin(2x)\left[-4C - 4D + 5C\right] + cos(2x)\left[-4D + 4C + 5D\right] =$$

$$= sin(2x)\left[C - 4D\right]cos(2x)\left[D + 4C\right] = sin(2x)$$

Der Koeffizientenvergleich ergibt

$$\begin{array}{llll} (1) & 1 & = & \text{C-4D} \\ (2) & 0 & = & \text{D+4C} \end{array}$$

Hieraus ergibt sich

$$C = 1 + 4D \ \text{in (2)} \ 0 = D + 4 + 16D \ \Rightarrow \ 0 = 17D + 4 \ \Rightarrow \ D = -\frac{4}{17}$$

Damit ergibt sich

$$C = 1 + 4\left(-\frac{4}{17}\right) = 1 - \frac{16}{17} = \frac{1}{17}$$

Dies liefert die partikuläre Lösung

$$y_p(x) = \frac{1}{17}sin(2x) - \frac{4}{17}cos(2x)$$

Daraus die allgemeine Lösung

$$y(x) = y_H(x) + y_p(x) = e^{-x}\left[A\,cos(2x) + B\,sin(2x)\right] + \frac{1}{17}\left[sin(2x) - 4cos(2x)\right]$$

Aufgabe 1.17

Die Differentialgleichung

$$y'' - 3y' + 2y = 2x^3 + 4x^2 + 5$$

hat eine Störfunktion, welche einen besonderen Ansatz erfordert. Es ist die allgemeine Lösung zu bestimmen.

Lösung 1.16

Um eine spezielle Lösung der inhomogenen Differentialgleichung zu gewinnen, wird
die Störfunktion

$$s(x) = 2x^3 + 4x^2 + 5$$

betrachtet, welche den folgenden Ansatz liefert

$$y_p(x) = A + Bx + Cx^2 + Dx^3$$

Es ergeben sich die Ableitungen

$$y_p'(x) = B + 2Cx + 3Dx^2$$

$$y_p''(x) = 2C + 6Dx$$

Eingesetzt in die Differentialgleichung ergibt sich

$$y'' - 3y' + 2y =$$

$$= 2C + 6Dx - 3(B + 2Cx + 3Dx^2) + 2(A + bx + Cx^2 + Dx^3) =$$

$$= 2C + 6Dx - 3B - 6Cx - 9Dx^2 + 2A + 2Bx + 2Cx^2 + 2Dx^3 =$$

$$= x^3 \cdot 2D + x^2(-9D + 2C) + x(6D - 6D + 2B) + 2C - 3B + 2A = 2x^3 + 4x^2 + 5$$

Der Koeffizientenvergleich ergibt

$$
\begin{array}{llll}
(1) & 4 & = & 2C\text{-}9D \\
(2) & 2 & = & 2D \\
(3) & 0 & = & 6D\text{-}6C\text{+}2B
\end{array}
$$

Die Lösung des Gleichungssystems ergibt

$$A = 20,75 \quad B = 16,5 \quad C = 6,5 \quad D = 1$$

Damit ergibt sich unter Einbezug der allgemeinen Lösung des homogenen Gleichungssystems die allgemeine Lösung der inhomogenen Differentialgleichung zu

$$y_A(x) = C_1 e^x + C_2 e^{2x} + x^3 + 6,5x^2 + 16,5x + 20,75$$

Aufgabe 1.18

Die Differentialgleichung

$$y`` + 4y = cos(x) - sin(x)$$

hat eine Störfunktion, welche einen besonderen Ansatz erfordert.

Lösung 1.17

Zunächst wird die homogene Differentialgleichung

$$y'' + 4y = 0$$

betrachtet, welche die charakteristische Gleichung

$$m^2 + 4 = 0$$

hat. Die Lösungen ergeben sich zu

$$m_1 = 2i \quad m_2 = -2i$$

Damit ergibt sich die allgemeine Lösung der homogenen Differentialgleichung zu

$$y_H(x) = C_1 e^{2ix} + C_2 e^{-2ix} = A\cos(2x) + B\sin(2x)$$

Es zeigt sich, dass

$$i\beta = i1$$

keine Lösung der charakteristischen Gleichung ist. Damit ergibt sich der Ansatz

$$y_p(x) = A\cos(x) + B\sin(x)$$

Die Ableitungen ergeben sich zu

$$y_p'(x) = -A\sin(x) + B\cos(x)$$

$$y_p''(x) = -A\cos(x) - B\sin(x)$$

Eingesetzt in die Differentialgleichung ergibt sich

$$y'' + 4y =$$

$$= -A\cos(x) - B\sin(x) + 4A\cos(x) + 4B\sin(x) =$$

$$= \cos(x)\left[-A + 4A\right] + \sin(x)\left[-B + 4B\right] =$$

$$= 3A\cos(x) + 3B\sin(x) = \cos(x) - \sin(x)$$

Der Koeffizientenvergleich liefert

$$3A = 1 \;\Rightarrow\; A = \frac{1}{3}$$

$$3B = -1 \;\Rightarrow\; B = -\frac{1}{3}$$

Damit ergibt sich die allgemeine Lösung der inhomogenen Differentialgleichung zu

$$y_{allg.}(x) = A\cos(2x) + B\sin(2x) + \frac{1}{3}\left[\cos(x) - \sin(x)\right]$$

Aufgabe 1.19

Die allgemeine Lösung der Differentialgleichung

$$y^{(3)}(x) - 3y'(x) + 2y(x) = 108e^{4x} + 6e^{x}$$

ist anzugeben.

Hinweis:

Zur Bestimmung einer partikulären Lösung der inhomogenen Differentialgleichung ist der Ansatz

$$y_0(x) = ae^{4x} + bx^2 e^{x}$$

zu verwenden.

Lösung 1.18

Die zugehörige homogene Differentialgleichung

$$y'''(x) - 3y'(x) + 2y(x) = 0$$

hat die charakteristische Gleichung

$$m^3 - 3m + 2 = (m - 1)^2(m + 2) = 0$$

Hieraus ergibt sich die zweifache Nullstelle

$$m_1 = 1$$

und die einfache Nullstelle

$$m_2 = -2$$

Die doppelte Nullstelle findet bei der allgemeinen homogenen Lösung Berücksichtigung, d.h.

$$y_H(x) = C_1 e^x + C_2 x e^x + C_3 e^{-2x}$$

Eine partikuläre Lösung der inhomogenen Differentialgleichung wird nach dem angegebenen Hinweis gewonnen

$$y_0 = a e^{4x} + b x^2 e^x$$

$$y_0' = 4a e^{4x} + b(2x e^x + x^2 e^x) = 4a e^{4x} + b(2x + x^2) e^x$$

$$y_0'' = 16a e^{4x} + b(2x + x^2) e^x + b(2 + 2x) e^x = 16a e^{4x} + b(2 + 4x + x^2) e^x$$

$$y_0''' = 64a e^{4x} + b(2 + 4x + x^2) + b(4 + 2x) e^x = 64a e^{4x} + b(6 + 6x + x^2) e^x$$

Eingesetzt in die Differentialgleichung ergibt sich

$$y_0''' - 3y_0' + 2y_0 = (64a - 12a + 2a) e^{4x} + b(6 + 6x + x^2 - 6x - 3x^2 + 2x^2) e^x =$$

$$= 54a e^{4x} + 6b e^x = 108 e^{4x} + 6 e^x$$

Hieraus ergibt sich für die Koeffizienten

$$54a = 108 \quad 6b = b \quad a = 2 \quad b = 1$$

Damit ergibt sich für die allgemeine Lösung der inhomogenen Differentialgleichung

$$y(x) = 2 e^{4x} + x^2 e^x + C_1 e^x + C_2 x e^x + C_3 e^{-2x}$$

Aufgabe 1.20

Betrachtet werde die Differentialgleichung

$$y``(x) + 2y'(x) + 2y(x) = x^2 e^{-x}$$

Die allgemeine Lösung ist anzugeben.

Lösung 1.19

Um zur allgemeinen Lösung der inhomogenen Differentialgleichung zu gelangen ist
es erforderlich, zunächst die allgemeine Lösung der homogenen Differentialgleichung

$$y'' + 2y' + 2y = 0$$

zu bestimmen. Die charakteristische Gleichung kann sofort zu

$$m^2 + 2m + 2 = 0$$

abgelesen werden. Eine Faktorisierung ist nicht sofort ersichtlich, so dass über die
bekannte Formel vorgegangen werden muss, d.h.

$$m_{1/2} = \frac{-2 \pm \sqrt{4 - 4 \cdot 2}}{2} = -1 \pm i$$

Damit ergibt sich die allgemeine Lösung der homogenen Differentialgleichung zu

$$y(x) = C_1 e^{(-1+i)x} + C_2 e^{(-1-i)x} = [A\cos(x) + B\sin(x)]\, e^{-x}$$

Die Störfunktion stellt das Produkt zweier Funktionen dar, weshalb für jeden Faktor
eine Funktion gewählt werden muss. Für das partikuläre Integral ergibt sich unter
der genannten Rücksicht der Ansatz

$$y_p(x) = (ax^2 + bx + c) \cdot e^{-x}$$

Die beiden Ableitungen ergeben sich zu

$$y_p'(x) = (2ax + b)e^{-x} - (ax^2 + bx + c)e^{-x}$$

$$y_p''(x) = 2ae^{-x} - (2ax + b)e^{-x} - \left[(2ax + b)e^{-x} - (ax^2 + bx + c)e^{-x}\right] =$$

$$= 2ae^{-x} - (2ax + b)e^{-x} - (2ax + b)e^{-x} + (ax^2 + bx + c)e^{-x}$$

Eingesetzt in die Differentialgleichung ergibt sich

$$2ae^{-x} - (2ax + b)e^{-x} - (2ax + b)e^{-x} + (ax^2 + bx + c)e^{-x} +$$

$$2(2ax + b)e^{-x} - 2(ax^2 + bx + c)e^{-x} + 2(ax^2 + bx + c)e^{-x} = x^2 e^{-x}$$

Der Koeffizientenvergleich ergibt sich zu

$$\begin{aligned}
a &= 1 \\
b &= 0 \\
2a+c &= 0
\end{aligned}$$

Hieraus folgt $c = -2$ und damit ergibt sich das partikuläre Integral

$$y_p(x) = (x^2 - 2)e^{-x}$$

Die allgemmeine Lösung der inhomogenen Differentialgleichung ergibt sich zu

$$y_{allg.}(x) = \left[A\cos(x) + B\sin(x) + x^2 - 2\right] e^{-x}$$

Aufgabe 1.21

Über das Superpositionsprinzip ist eine partikuläre Lösung der Differentialgleichung

$$y'' + 2y' - y = e^{3x} + sin(2x)$$

zu bestimmen.

Lösung 1.20

Aus der Differentialgleichung ergibt sich die homogene Differentialgleichung zu

$$y'' + 2y' - y = 0$$

welche die charakteristische Gleichung

$$m^2 + 2m - 1 = 0$$

hat, deren Lösung sich zu

$$m_{1/2} = \frac{1}{2}\left(-2 \pm \sqrt{4 - 4 \cdot 1 \cdot (-1)}\right) = \frac{1}{2}\left(-2 \pm 2\sqrt{2}\right) = -1 \pm \sqrt{2}$$

ergibt.

Damit ergeben sich die beiden Lösungen

$$m_1 = -1 + \sqrt{2} \quad m_2 = -1 - \sqrt{2}$$

Die inhomogene Differentialgleichung wird zunächst ausgehend von den Störfunktionen in zwei Teile zerlegt, welche nach dem Superpositionsprinzip separat behandelt werden. Damit ergibt sich für den ersten Typ von Störfunktionen

$$y'' + 2y' - y = e^x$$

Es ist ersichtlich dass für

$$e^{cx} = e^{3x}$$

$c = 3$ keine Lösung der charakteristischen Gleichung darstellt, da

$$c \neq m_1 \quad c \neq m_2$$

so dass der folgende partikuläre Ansatz herangezogen werden muss, d.h.

$$y_{p_1}(x) = Ae^{3x}$$

dessen Ableitungen ergibt sich zu

$$y'_{p_1}(x) = 3Ae^{3x} \quad y''_{p_1}(x) = 9Ae^{3x}$$

Eingesetzt in die Differentialgleichung folgt

$$9Ae^{3x} + 2 \cdot 3Ae^{3x} - Ae^{3x} = 14Ae^{3x} = e^{3x} \quad \Rightarrow \quad A = \frac{1}{14}$$

damit ergibt sich die erste partikuläre Lösung zu

$$y_1(x) = \frac{1}{14}e^{3x}$$

Für den zweiten Typ von Störfunktion ergibt sich

$$y'' + 2y' - y = sin(2x)$$

Es ist zu ersehen, dass $i\beta = i2$ keine Lösung der charakteristischen Gleichung ist, d.h.

$$i\beta \neq m_1 \quad i\beta \neq m_2$$

Somit ergibt sich der folgende Ansatz für die Störfunktion

$$y_{p_2}(x) = Asin(2x) + Bcos(2x)$$

Die Ableitungen ergeben sich zu

$$y'_{p_2}(x) = 2Acos(2x) - 2Bsin(2x)$$

$$y''_{p_2}(x) = -4Asin(2x) - 4Bcos(2x)$$

Eingesetzt in die Differentialgleichung ergibt sich

$$-4Asin(2x) - 4Bcos(2x) + 2\left[2Acos(2x) - 2Bsin(2x)\right] - Asin(2x) - Bcos(2x) =$$

$$= -4Asin(2x) - 4Bcos(2x) + 4Acos(2x) - 4Bsin(2x) - Asin(2x) - Bcos(2x) =$$

$$= sin(2x)\left[-5A - 4B\right] + cos(2x)\left[4A - 5B\right] = sin(2x)$$

Hieraus ergibt sich durch Koeffizientenvergleich

$$A = -\frac{5}{41} \quad B = -\frac{4}{41}$$

Dies liefert zusammen nach dem Superpositionsprinzip eine spezielle Lösung der Differentialgleichung zu

$$y_p(x) = \frac{1}{14}e^{3x} - \frac{1}{41}\left(5sin(2x) + 4cos(2x)\right)$$

Aufgabe 1.22

Die Lösungen

$$x : t \longmapsto x(t)$$

und

$$y : t \longmapsto y(t)$$

des folgenden Differentialgleichungs-Systems

$$(1) \quad x' = 2x - y + e^t$$

$$(2) \quad y' = -x + 2y$$

sind zu bestimmen.

Lösung 1.21

Die Differentiation von Gleichung (1) unter Einbezug von (2) liefert

$$x'' = 2x' - y' + e^t \underbrace{=}_{(2)} 2x' - (-x + 2y) + e^t = 2x' + x - 2y + e^t$$

Aus Gleichung (1) folgt zudem durch Auflösen nach y

$$y = 2x - x' + e^t$$

Eliminiert wird in

$$x'' = 2x' + x - 2y + e^t$$

mittels

$$y = 2x - x' + e^t$$

die Variable y, so gilt:

$$x'' = 2x' + x - 2y + e^t \;=\; 2x' + x - 2(2x - x' + e^t) + e^t =$$

$$= 2x' + x - 4x + 2x' - 2e^t + e^t = 4x' - 3x - e^t$$

Hieraus ergibt sich die folgende inhomogene Differentialgleichung 2-ter Ordnung mit konstanten Koeffizienten

$$x'' - 4x' + 3x = -e^t$$

welche nach dem bekannten Verfahren zu lösen ist. Die zugehörige homogene Differentialgleichung ergibt sich zu

$$x'' - 4x' + 3x = 0$$

Hieraus kann die charakteristische Gleichung gewonnen werden

$$m^2 - 4m + 3 = (m - 3)(m - 1) = 0$$

Über die Nullstellen

$$m_1 = 3 \quad m_2 = 1$$

ergibt sich die allgemeine Lösung der homogenen Differentialgleichung

$$x(t) = Ae^t + Be^{3t}$$

Für die Störfunktion gilt

$$e^{ct} = -e^{1 \cdot t}$$

und damit ist

$$m_2 = 1 = c$$

einfache Lösung der charakteristischen Gleichung, was den folgenden partikulären
Ansatz liefert

$$x_p(t) = Ate^t$$

dessen Ableitungen sich leicht gewinnen lassen zu

$$x'_P(t) = Ae^t + Ate^t \quad x''_p(t) = 2Ae^t + Ate^t$$

Eingesetzt in die Differentialgleichung ergibt sich

$$2Ae^t + Ate^t - 4(Ae^t + Ate^t) + 3Ate^t = -2Ae^t = -e^t$$

Der Koeffizientenvergleich ergibt

$$A = \frac{1}{2}$$

womit sich für eine partikuläre Lösung ergibt

$$x_p(t) = \frac{1}{2}te^t$$

Die allgemeine Lösung ergibt sich zu

$$x(t) = Ae^t + Be^{3t} + \frac{1}{2}te^t \qquad A, B \in \mathbb{R}$$

Dies kann jetzt in

$$y = 2x - x' + e^t$$

eingesetzt werden. Daraus ergibt sich die andere Lösung y(t) des Differentialgleichungs-
Systems zu

$$
\begin{aligned}
y(t) &= 2\left(Ae^t + Be^{3t} + \frac{1}{2}te^t\right) - \left(Ae^t + 3Be^{3t} + \frac{1}{2}e^t + \frac{1}{2}te^t\right) + e^t = \\
&= 2Ae^t + 2Be^{3t} + te^t - Ae^t - 3Be^{3t} - \frac{1}{2}e^t - \frac{1}{2}te^t + e^t = \\
&= Ae^t - Be^{3t} + \frac{1}{2}te^t + \frac{1}{2}e^t = \\
&= Ae^t - Be^{3t} + \frac{1}{2}(t + 1)e^t
\end{aligned}
$$

Zusammengestellt ergibt sich für die Lösung des Differentialgleichungssystems

$$x(t) = Ae^t + Be^{3t} + \frac{1}{2}te^t \qquad y(t) = Ae^t - Be^{3t} + \frac{1}{2}(t + 1)e^t \qquad A, B \in \mathbb{R}$$

Aufgabe 1.23

Betrachtet werde das Differentialgleichungs-System

$$(1) \quad x' = 2x + y + t$$

$$(2) \quad y' = x + 2y + 1$$

1. Die allgemeine Lösung

$$x : t \longmapsto x(t) \text{ und } y : t \longmapsto y(t)$$

ist über die Laplace-Transformation zu bestimmen.

2. Die Lösung für das Anfangswertproblem (AWP)

$$x(0) = 1, y(0) = 1$$

ist anzugeben.

Lösung 1.22

Zu 1.)

Mittels Anwendung der Laplace-Transformation auf beide Gleichungen und Berücksichtigung des Differentiationssatzes ergibt sich

$$(1) \quad -x(0) + sL\{x\} = 2L\{x\} + L\{y\} + \frac{1}{s^2}$$

$$(2) \quad -y(0) + sL\{y\} = L\{x\} + 2L\{y\} + \frac{1}{s}$$

Hieraus folgt durch Umformung

$$(1) \quad (s-2)L\{x\} - L\{y\} = x(0) + \frac{1}{s^2}$$

$$(2) \quad -L\{x\} + (s-2)L\{y\} = y(0) + \frac{1}{s}$$

$(1) \cdot (s-2) + (2)$ und Auflösen nach $L\{x\}$ liefert:

$$L\{x\} = \frac{[s^2 x(0) + 1](s-2) + s^2 y(0) + s}{s^2(s^2 - 4s + 3)}$$

Eine Rücktransformation in den Originalbereich ist nicht sofort möglich, was durch die Nennerfunktion

$$s^2 - 4s + 3 = (s-1)(s-3)$$

bedingt ist. Daher ist eine Partialbruchzerlegung notwendig, was den folgenden Ansatz ergibt

$$\frac{[s^2 x(0) + 1](s-2) + s^2 y(0) + s}{s^2(s^2 - 4s + 3)} = \frac{A}{s} + \frac{B}{s^2} + \frac{C}{s-1} + \frac{D}{s-3}$$

Ausmultiplizieren und Umsortieren im Zähler der linken Seite liefert

$$\frac{s^3 x(0) + s^2[-2x(0) + y(0)] + 2s - 2}{s^2(s^2 - 4s + 3)} = \frac{A}{s} + \frac{B}{s^2} + \frac{C}{s-1} + \frac{D}{s-3}$$

Beidseitige Multiplikation mit dem Hauptnenner

$$s^2(s^2 - 4s + 3)$$

führt zu

$$s^3 x(0) + s^2[-2x(0) + y(0)] + 2s - 2 =$$

$$= As(s^2 - 4s + 3) + B(s^2 - 4s + 3) + Cs^2(s-3) + Ds^2(s-1) =$$

$$= As^3 - 4As^2 + 3As + Bs^2 - 4Bs^2 - 4Bs + 3B + Cs^3 - 3Cs^2 + Ds^3 - Ds^2 =$$

$$= s^3(A + C + D) + s^2(-4A + B - 3C - D) + s(3A - 4B) + 3B$$

Der Koeffizientenvergleich ergibt

$$
\begin{array}{llll}
(1) & A+C+D & = & x(0) \\
(2) & -4A+B-3C-D & = & -2x(0)+y(0) \\
(3) & 3A-4B & = & 2 \\
(4) & 3B & = & -2
\end{array}
$$

Aus (4) ergibt sich

$$B = -\frac{2}{3}$$

eingesetzt in (3) ergibt sich

$$A = -\frac{2}{9}$$

Beide Ergebnisse in (1) und (2) eingesetzt führen zu den beiden restlichen Lösungen

$$C = \frac{1}{2}\left[x(0) - y(0)\right] \qquad D = \frac{1}{2}\left[x(0) + y(0)\right] + \frac{2}{9}$$

Die Rücktransformation durch Anwendung der inversen Laplace-Transformation ergibt

$$x(t) = -\frac{2}{3}t - \frac{2}{9} + \frac{1}{2}\left[x(0) - y(0)\right]e^{t} + \left[\frac{x(0)+y(0)}{2} + \frac{2}{9}\right]e^{3t}$$

Es wäre möglich, jedoch unpraktikabel, über $L\{y\}$ die andere Lösung $y(t)$ zu bestimmen. Aus

$$x' = 2x + y + t$$

folgt

$$y(t) = x'(t) - 2x(t) - t = -\frac{2}{3}t + \frac{x(0)-y(0)}{2}e^{t} + 3\left(\frac{x(0)+y(0)}{2} + \frac{2}{9}\right)e^{3t} +$$

$$\frac{4}{3}t + \frac{4}{9} - 2\frac{x(0)-y(0)}{2}e^{t} - 2\left(\frac{x(0)+y(0)}{2} + \frac{2}{9}e^{3t} - t\right) =$$

$$= \frac{1}{3}t - \frac{2}{9} + \frac{-x(0)+y(0)}{2}e^{t} + \left(\frac{x(0)+y(0)}{2} + \frac{2}{9}\right)e^{3t}$$

Zu 2.)

Das Anfamngswertproblem mit $x(0) = 1$, $y(0) = 1$ liefert:

$$x(t) = -\frac{2}{3}t - \frac{2}{9} + \left(1 + \frac{2}{9}\right)e^{3t} = -\frac{2}{3}t - \frac{2}{9} + \frac{11}{9}e^{3t}$$

$$y(t) = \frac{1}{3}t - \frac{2}{9} + \left(1 + \frac{2}{9}\right)e^{3t} = \frac{1}{3}t - \frac{2}{9} + \frac{11}{9}e^{3t}$$

Aufgabe 1.24

Die allgemeine Lösung des Differentialgleichungs-Systems

$$(1) \quad x' = x - 2y + sin(t)$$

$$(2) \quad y' = -2x + y + t$$

ist zu bestimmen.

Lösung 1.23

Die Differentiation von Gleichung (1) unter Einbezug von (2) liefert

$$x'' = x' - 2y' + cos(t) \underbrace{=}_{(2)} x' - 2(-2x + y + t) + cos(t) = x' + 4x - 2y - 2t + cos(t)$$

Damit gilt

$$x'' = x' + 4x - 2y - 2t + cos(t) \quad (1)'$$

Aus Gleichung (1) folgt

$$2y = x - x' + sin(t)$$

was eingesetzt in (1)' liefert

$$x'' = x' + 4x - (x - x' + sin(t)) - 2t + cos(t) = x' + 4x - x + x' - sin(t) - 2t + cos(t)$$

Hieraus ergibt sich eine inhomogene lineare Differentialgleichung

$$x'' - 2x' - 3x = cos(t) - sin(t) - 2t$$

Von dieser wird zunächst die zugehörige homogene Differentialgleichung

$$x'' - 2x' - 3x = 0$$

betrachtet. Die charakteristische Gleichung ergibt sich zu

$$m^2 - 2m - 3 = (m + 1)(m - 3) = 0$$

Hieraus resultieren die Lösungen

$$m_1 = -1 \quad m_2 = +3$$

Und damit die allgemeine Lösung der homogenen Differentialgleichung

$$x_H(t) = Ae^{-t} + Be^{3t}$$

liefert. Für die Differentialgleichung

$$x'' - 2x' - 3x = cos(t) - sin(t) - 2t$$

wird der Superpositionsansatz gewonnen. Dieser führt zunächst zur Differentialgleichung

$$x'' - 2x' - 3x = -2t$$

Es ergibt sich der Ansatz

$$x_p(t) = a_0 + a_1 t \ \Rightarrow \ x_p'(t) = a_1 \ \Rightarrow \ x_p''(t) = 0$$

Eingesetzt in die Differentialgleichung ergibt sich

$$-2a_1 - 3(a_0 + a_1 t) = -2a_1 - 3a_0 - 3a_1 t = -2t$$

Der Koeffizientenvergleich liefert

$$-2 = -3a_1 \;\Rightarrow\; a_1 = \frac{2}{3}$$

$$-2a_1 - 3a_0 = 0 \;\Rightarrow\; 3a_0 = \frac{4}{3} \;\Rightarrow\; a_0 = -\frac{4}{9}$$

Damit ergibt sich die partikuläre Lösung

$$x_{p_1}(t) = \frac{1}{9}(6t - 4)$$

Betrachtet wird die nächste inhomogene Differentialgleichung

$$x'' - 2x' - 3x = cos(t) - sin(t)$$

mit dem Ansatz

$$x_p(t) = Asin(t) + Bcos(t) \;\Rightarrow\; x'_p(t) = Acos(t) - Bcos(t) \;\Rightarrow\; x''_p(t) = -Asin(t) - Bcos(t)$$

Eingesetzt in die Differentialgleichung ergibt sich

$$-Asin(t) - Bcos(t) - 2\left[Acos(t) - Bsin(t)\right] - 3\left[Asin(t) + Bcos(t)\right] =$$

$$= -Asin(t) - Bcos(t) - 2Acos(t) + 2Bsin(t) - 3Asin(t) - 3Bcos(t) =$$

$$= sin(t)\left[-A + 2B - 3A\right] + cos(t)\left[-B - 2A - 3B\right] =$$

$$sin(t)\left[2B - 4A\right] + cos(t)\left[-2A - 4B\right] = cos(t) - sin(t)$$

Der Koeffizientenvergleich liefert

$$
\begin{array}{llll}
(1) & -1 & = & 2B\text{-}4A \\
(2) & 1 & = & \text{-}2A\text{-}4B
\end{array}
$$

Hieraus ergibt sich

$$A = \frac{1}{10} \quad B = -\frac{3}{10}$$

Damit entsteht die partikuläre Lösung zu

$$x_{p_2}(t) = \frac{1}{10}sin(t) - \frac{3}{10}cos(t)$$

und führt zur allgemeinen Lösung

$$x(t) = Ae^{3t} + Be^{-t} + \frac{1}{10}\left[-3cos(t) + sin(t)\right] + \frac{1}{9}(6t - 4)$$

Weiter gilt

$$x'(t) = 3Ae^{3t} - Be^{-t} + \frac{3}{10}sin(t) + \frac{1}{10}cos(t) + \frac{2}{3}$$

Aus (1) folgt

$$y = \frac{1}{2}\left[x - x' + sin(t)\right]$$

und damit

$$y(t) = \frac{1}{2}\left[Ae^{3t} + Be^{-t} - \frac{3}{10}cos(t) + \frac{1}{10}sin(t) + \frac{2}{3}t - \frac{4}{9} - 3Ae^{3t} + \right.$$

$$\left. Be^{-t} - \frac{3}{10}sin(t) - \frac{1}{10}cos(t) - \frac{2}{3} + sin(t)\right]$$

$$y(t) = -Ae^{3t} + Be^{-t} - \frac{2}{10}cos(t) + \frac{4}{10}sin(t) + \frac{1}{3}t - \frac{5}{9}$$

Aufgabe 1.25

Betrachtet werde das Differentialgleichungssystem

$$(1) \quad x' = 3x + 4y + e^{-t}$$

$$(2) \quad y' = 4x + 3y$$

mit dem Anfangswertproblem

$$x(0) = 0, \; y(0) = 1$$

Lösung 1.24

Aus (1) folgt durch Differentiation

$$x'' = 3x' + 4y' - e^{-t} \underbrace{=}_{(2)} 3x' + 4(4x + 3y) - e^{-t} = 3x' + 16x + 12y - e^{-t}$$

$$x'' = 3x' + 16x + 12y - e^{-t} \qquad (\star)$$

Aus (1) folgt

$$4y = x' - e^{-t} - 3x$$

und daraus

$$y = \frac{1}{4}\left(x' - e^{-t} - 3x\right)$$

was eingesetzt in $(\star)$ ergibt

$$x'' = 3x' + 16x + 12\frac{1}{4}\left(x' - 3x - e^{-t}\right) = 3x' + 16x + 3x' - 9x - 3e^{-t} - e^{-t} =$$

$$= 6x' + 7x - 4e^{-t}$$

Hieraus resultiert die lineare Differentialgleichung zweiter Ordnung

$$x'' - 6x' - 7x = -4e^{-t}$$

welche nach dem folgenden Verfahren gelöst wird. Zunächst wird die zugehörige homogene Differentialgleichung

$$(H) \quad x'' - 6x' - 7x = 0$$

betrachtet. Es ergibt sich die zugehörige charakteristische Gleichung

$$m^2 - 6m - 7 = 0 \ \Rightarrow \ (m + 1)(m - 7) = 0 \ \Rightarrow \ m_1 = -1, \ m_2 = 7$$

und die allgemeine Lösung der homogenen Gleichung

$$x_H(t) = Ae^{-t} + Be^{7t}$$

Für die inhomogene Differentialgleichung

$$x'' - 6x' - 7x = -4e^{-t}$$

ergibt sich der Ansatz

$$x_p(t) = Ate^{-t} \quad x_p'(t) = Ae^{-t} - Ate^{-t} \quad x_p''(t) = -2Ae^{-t} + Ate^{-t}$$

Eingesetzt in die inhomogene Differentialgleichung ergibt sich

$$-2Ae^{-t} + Ate^{-t} - 6(Ae^{-t}Ate^{-t}) - 7Ate^{-t} \quad = \quad -2Ae^{-t} + Ate^{-t} - 6Ae^{-t} + 6Ae^{-t} - 7At^{-t} =$$

$$= \quad -8Ae^{-t} = -4e^{-t}$$

Dies führt zu

$$A = \frac{1}{2}$$

und damit zu

$$x_p(t) = \frac{1}{2}te^{-t}$$

Damit ergibt sich die allgemeine Lösung

$$x(t) = Ae^{-t} + Be^{7t} + \frac{1}{2}te^{-t}$$

Unter Einbezug der Anfangsbedingung $x(0) = 0$ ergibt sich für die Koeffizienten

$$0 = A + B \quad \Rightarrow \quad A = -B$$

Aus (1) ergibt sich

$$y = \frac{1}{4}\left(x' - 3x - e^{-t}\right)$$

Die Ableitung der Lösung

$$x(t) = Ae^{-t} + Be^{7t} + \frac{1}{2}te^{-t}$$

liefert

$$x'(t) \quad = \quad -Ae^{-t} + 7Be^{7t} + \frac{1}{2}e^{-t} + \frac{1}{2}t(-1)e^{-t} =$$

$$= \quad -Ae^{-t} + 7Be^{7t} + \frac{1}{2}e^{-t} - \frac{1}{2}te^{-t}$$

Damit ergibt sich

$$y(t) \quad = \quad \frac{1}{4}\left[-Ae^{-t} + 7Be^{7t} + \frac{1}{2}e^{-t} - \frac{1}{2}te^{-t} - 3\left(Ae^{-t} + Be^{7t} + \frac{1}{2}te^{-t}\right) - e^{-t}\right] =$$

$$= \quad -\frac{A}{4}e^{-t} + \frac{7}{4}Be^{7t} + \frac{1}{8}te^{-t} - \frac{3}{4}Ae^{-t} - \frac{3}{4}Be^{7t} - \frac{3}{8}te^{-t} - \frac{1}{4}e^{-t} =$$

$$= \quad -Ae^{-t} + Be^{7t} - \frac{1}{8}e^{-t} - \frac{1}{2}te^{-t}$$

Mit dem Anfangswert $y(0) = 1$ ergibt sich

$$1 = -A + B - \frac{1}{8} \;\Rightarrow\; (A = -B) \;\Rightarrow\; \frac{9}{8} = 2B \;\Rightarrow\; B = \frac{9}{16}$$

Es ergeben sich folglich die Lösungen

$$x(t) \;=\; \frac{9}{16}\left(e^{7t} - e^{-t}\right) + \frac{t}{2}e^{-t}$$

$$y(t) \;=\; \frac{9}{16}\left(e^{7t} - e^{-t}\right) - \frac{1}{8}e^{-t}\left(4t + 1\right)$$

Aufgabe 1.26

Es seien

$$f : t \mapsto f(t) \qquad g : t \mapsto g(t)$$

zwei Funktionen.

Die Faltung $f \star g$ ist durch das bekannte Faltungs-Integral

$$f \star g = \int_0^x f(x - t) \cdot g(t) dt$$

definiert.

Es ist die Kommutativität der Faltung

$$f \star g = g \star f$$

mittels der Substitution $z(t) := x - t$ zu zeigen.

Lösung 1.25

Für die Faltung gilt

$$f_1 \star f_2 \;=\; \int\limits_0^x f_1(x-t)f_2(t)dt$$

$$f_2 \star f_1 \;=\; \int\limits_0^x f_2(x-t)f_1(t)dt$$

Die Anwendung der Substitution

$$z(t) := x - t$$

liefert

$$\frac{d}{dx}z(t) = -1 \;\Rightarrow\; dz(t) = -dt$$

Weiter gilt

$$z(0) = 0, \; z(x) = 0, \; \text{sowie } z = x - t \;\Rightarrow\; t = x - z$$

Damit ergibt sich für die Faltung

$$f_1 \star f_2 \;=\; \int\limits_x^0 f_1(z) \cdot f_2(x-z)(-1)dz =$$

$$=\; -\int\limits_x^0 f_2(x-z)f_1(z)dz =$$

$$=\; +\int\limits_0^x f_2(x-z)f_1(z)dz =$$

$$=\; f_2 \star f_1$$

Aufgabe 1.27

Betrachtet werde das Anfangswertproblem

$$y'' + y = x \quad \text{mit} \quad y\left(\frac{\pi}{2}\right) = 0, \quad y'\left(\frac{\pi}{2}\right) = 1$$

1. Die Laplace-Transformation ist anzuwenden, wobei in der Lösung y(x) zunächst nur $y'(0)$ und $y(0)$ als bekannte Größen vorkommen.

2. Unter Einbezug des obigen Anfangswertproblems ist die Lösung der Differentialgleichung zu bestimmen.

Lösung 1.26

Die Anwendung der Laplace-Transformation liefert

$$L\{y''\} = -(-y'(0) + sy(0) + s^2 Y(s))$$

$$L\{y\} = Y(s)$$

$$L\{x\} = \frac{1}{s^2}$$

Eingesetzt in die Differentialgleichung ergibt sich

$$-(y'(0) + sy(0)) + s^2 Y(s) + Y(s) = \frac{1}{s^2}$$

$$Y(s)(s^2 + 1) = y'(0) + sy(0) + \frac{1}{s^2}$$

$$Y(s) = y'(0)\frac{1}{s^2 + 1} + y(0)\frac{s}{s^2 + 1} + \frac{1}{s^2(s^2 + 1)}$$

Für die Rücktransformation ist die Zerlegung des Ausdrucks

$$\frac{1}{s^2(s^2 + 1)}$$

in Partialbrüche notwendig, was über den folgenden Ansatz gelingt

$$\frac{1}{s^2(s^2 + 1)} = \frac{A}{s} + \frac{B}{s^2} + \frac{Cs + D}{s^2 + 1}$$

$$1 = As(s^2 + 1) + B(s^2 + 1) + s^2(Cs + D)$$

$$1 = As^3 + As + Bs^2 + B + Cs^3 + Ds^2$$

$$1 = s^3(A + C) + s^2(B + D) + sA + B$$

Der Koeffizientenvergleich liefert die Gleichungen

$$
\begin{array}{llcl}
(1) & A+C & = & 0 \\
(2) & B+D & = & 0 \\
(3) & A & = & 0 \\
(4) & B & = & 1
\end{array}
$$

Hieraus ergibt sich

$$A = 0 \quad B = 1 \quad C = 0 \quad D = -1$$

Dies führt zur Partialbruchzerlegung

$$\frac{1}{s^2(s^2+1)} = \frac{1}{s^2} - \frac{1}{s^2+1}$$

Damit ergibt sich die leicht rücktransformierbare Darstellung

$$\begin{aligned}
Y(s) &= y'(0)\frac{1}{s^2+1} + y(0)\frac{s}{s^2+1} + \frac{1}{s^2} - \frac{1}{s^2+1} \\
&= \frac{1}{s^2+1}(y'(0)-1) + y(0)\frac{s}{s^2+1} + \frac{1}{s^2}
\end{aligned}$$

Die Rücktransformation liefert

$$y(x) = sin(x)\,[y'(0)-1] + cos(x)y(0) + x$$

Es ergibt sich die Ableitung

$$y'(x) = y'(0)cos(x) + y(0)(-sin(x)) + 1 - cos(x)$$

Unter Berücksichtigung des AWP

$$y\left(\frac{\pi}{2}\right) = 0, \quad y'\left(\frac{\pi}{2}\right) = 1$$

ergibt sich

$$0 = y\left(\frac{\pi}{2}\right) = sin\left(\frac{\pi}{2}\right)[y'(0)-1] + cos\left(\frac{\pi}{2}\right)y(0) + \frac{\pi}{2} = y'(0) - 1 + \frac{\pi}{2}$$

Damit ergibt sich

$$y'(0) = 1 - \frac{\pi}{2}$$

Ebenso gilt

$$1 = y'\left(\frac{\pi}{2}\right) = y'(0)cos\left(\frac{\pi}{2}\right) - y(0)sin\left(\frac{\pi}{2}\right) + 1 - cos\left(\frac{\pi}{2}\right) = y'(0)\cdot 0 - y(0)\cdot 1 + 1 - 0 = -y(0) + 1$$

Daraus ergibt sich

$$y(0) = 0$$

und führt zu folgender Lösung

$$y(x) = -\frac{\pi}{2}sin(x) + x$$

Aufgabe 1.28

Betrachtet werde die Differentialgleichung

$$\frac{1}{7}y''(x) - \frac{9a}{21}y'(x) + \frac{5a^2}{28}y(x) = x \quad (a \in \mathbb{R})$$

1. Es ist eine Äquivalenz-Umformung der Differentialgleichung durchzuführen.

2. Welche Ordnung besitzt die Differentialgleichung und welchem Differentialgleichungs-Typ ist sie zuzuordnen?

3. Die charakteristische Gleichung habe die allgemeine Form

$$p : \lambda \to p(\lambda)$$

   Diese ist anzugeben.

4. Über eine Fallunterscheidung von $a \in \mathbb{R}$ sind die Nullstellen des Polynoms $p : \lambda \to p(\lambda)$ zu bestimmen.

5. Unter Berücksichtigung der Fallunterscheidung von $a \in \mathbb{R}$ ist die allgemeine Lösung der homogenen Differentialgleichung anzugeben.

6. Betrachtet werde die EULERsche Differentialgleichung

$$\frac{1}{7}t^2 u''(t) - \frac{5}{7}\left[tu'(t) - u(t)\right] = ln(t)$$

   Durch die Substitutionen

$$t = e^x, \quad y(x) = u(e^x) \quad \text{oder} \quad y(ln(t)) = u(t)$$

   ergibt sich eine Differentialgleichung für y(x). Diese ist anzugeben.

7. Für welche Wahl von $a \in \mathbb{R}$ sind die Differentialgleichungen

$$\frac{1}{7}y''(x) - \frac{9a}{21}y'(x) + \frac{5a^2}{28}y(x) = x \quad (a \in \mathbb{R})$$

   und

$$\frac{1}{7}t^2 u''(t) - \frac{5}{7}\left[tu'(t) - u(t)\right] = ln(t)$$

   identisch?

8. Eine partikuläre Lösung sei für a=2 gegeben durch

$$y_p(t) = \frac{7}{5}ln(t) + \frac{42}{25}$$

   Die allgemeine Lösung y(x) ist anzugeben.

Lösung 1.27

Zu 1.)

Die Multiplikation mit dem Faktor 7 ergibt

$$y''(x) - 3ay'(x) + \frac{5}{4}a^2 y(x) = 7x$$

Zu 2.)

Differentialgleichung 2. Ordnung mit konstanten Koeffizienten.

Zu 3.)

$$p : \lambda \to p(\lambda) = \lambda^2 - 3a\lambda + \frac{5}{4}a^2$$

Zu 4.)

Es gilt zunächst

$$p(\lambda) = 0 \iff \lambda^2 - 3a\lambda + \frac{5}{4}a^2 = 0$$

Für die Fallunterscheidung ergibt sich $a = 0$ und $a \neq 0$ und somit die Fälle

1. Fall:
$$a = 0 : \quad \lambda^2 = 0 \Rightarrow \lambda_{1/2} = 0, \text{ d.h. zweifache Nullstelle}$$

2. Fall:
$$a \neq 0 : \quad \lambda^2 - 3a\lambda + \frac{5}{4}a^2 = 0$$

$$\lambda_{1/2} = \frac{1}{2}\left(+3a \pm \sqrt{9a^2 - 4 \cdot \frac{5}{4}a^2}\right) = \frac{1}{2}\left(3a \pm \sqrt{4a^2}\right) = \frac{1}{2}(3a \pm 2a)$$

$$\lambda_1 = \frac{5}{2} \qquad \lambda_2 = \frac{a}{2}$$

Zu 5.)

In Analogie zur Fallunterscheidung ergibt sich

$$a = 0 : \quad \lambda_1 = 0, \ \lambda_2 = 0 \quad \text{doppelte Nullstelle}$$

$$y(x) = (A_1 + A_2 x)e^{\lambda x} = (A_1 + A_2 x)e^0 = A_1 + A_2 x$$

$$a \neq 0 : \quad \lambda_1 = \frac{5}{2}a, \quad \lambda_2 = \frac{a}{2}$$

$$y(x) = A_1 e^{\frac{5}{2}ax} + A_2 e^{\frac{1}{2}ax}$$

Zu 6.)

Betrachtet wird die Differentialgleichung

$$\frac{1}{7}t^2 u''(t) - \frac{5}{7}\left[tu'(t) - u(t)\right] = ln(t)$$

Es gilt für die Substitution

$$t = e^x \;\Rightarrow\; ln(t) = ln(e^x) = xln(e) = x \cdot 1 = x \;\Rightarrow\; x = ln(t)$$

Weiter gilt

$$y(x) = u(e^x) \;\Rightarrow\; (x = ln(t) \;\; t = e^x) \;\Rightarrow\; y(ln(t)) = u(t)$$

Mit

$$u(t) = y(ln(t))$$

ergeben sich die Ableitungen

$$u'(t) = y' \cdot \frac{1}{t} \underset{(1)}{=} y'e^{-x} = y'(ln(t))e^{-x} = y'(x)e^{-x}$$

$$(1) \quad t = e^x \quad \frac{1}{t} = e^{-x} \quad x = ln(t)$$

$$\begin{aligned}
u''(t) &= \frac{d}{dt}\left(y' \cdot \frac{1}{t}\right) = y''\frac{d}{dt}ln(t) \cdot \frac{1}{t} + y'\left(-\frac{1}{t^2}\right) = \\[2mm]
&= y'' \cdot \frac{1}{t} \cdot \frac{1}{t} - y'\frac{1}{t^2} = y''\frac{1}{t^2} - y'\frac{1}{t^2} = \\[2mm]
&\underset{(2)}{=} e^{-2x}y''(x) - y'(x)e^{-2x}
\end{aligned}$$

$$(2) \quad t^2 = e^{2x} \quad \frac{1}{t^2} = e^{-2x}$$

Die beiden Ableitungen

$$\begin{aligned}
u'(t) &= y'(x)e^{-x} \\[2mm]
u''(t) &= e^{-2x}y''(x) - y'(x)e^{-2x}
\end{aligned}$$

werden unter Einbezug von

$$y(x) = u(e^x) \quad t = e^x \quad t^2 = e^{2x} \quad y(x) = u(t)$$

in die Differentialgleichung eingesetzt

$$\frac{1}{7}t^2 u''(t) - \frac{5}{7}\left[tu'(t) - u(t)\right] = ln(t)$$

$$\frac{1}{7}e^{2x}\left[e^{-2x}y''(x) - y'(x)e^{-2x}\right] - \frac{5}{7}\left[e^x y'(x)e^{-x} - y(x)\right] = x$$

$$\frac{1}{7}e^0 y''(x) - \frac{1}{7}y'(x)e^0 - \frac{5}{7}e^0 y'(x) + \frac{5}{7}y(x) = x$$

$$\frac{1}{7}y''(x) - \frac{6}{7}y'(x) + \frac{5}{7}y(x) = x$$

$$\frac{1}{7}y''(x) - \frac{6}{7}y'(x) + \frac{5}{7}y(x) = x \quad\Big| \cdot 7$$

$$y''(x) - 6y'(x) + 5y(x) = x$$

Zu 7.)

Es gilt

$$\frac{1}{7}y''(x) - \frac{9a}{21}y'(x) + \frac{5a^2}{28}y(x) = x \quad (a \in \mathbb{R})$$

Aus

$$\frac{1}{7}t^2 u''(t) - \frac{5}{7}\left[tu'(t) - u(t)\right] = ln(t)$$

ergibt sich über

$$\frac{1}{7}t^2 u''(t) - \frac{5}{7}tu'(t) + \frac{5}{7}u(t) = ln(t)$$

die Form

$$\frac{1}{7}y''(x) - \frac{6}{7}y'(x) + \frac{5}{7}y(x) = x$$

Der Koeffizientenvergleich liefert

$$-\frac{6}{7} = -\frac{9a}{21} \;\Rightarrow\; a = 2$$

$$\frac{5a^2}{28} = \frac{5}{7} \;\Rightarrow\; a = \pm 2$$

Somit gilt für beide

$$a = +2$$

Zu 8.)

Es gilt

$$y(x) = A_1 e^{\frac{5}{2} \cdot 2x} + A_2 e^{\frac{1}{2} \cdot 2x} = A_1 e^{5x} + A_2 e^x$$

Es gilt für die allgemeine Lösung

$$\begin{aligned}
y_A(x) &= A_1 e^{5x} + A_2 e^x + \frac{7}{5} ln(t) + \frac{42}{25} = \\
&= A_1 e^{5x} + A_2 e^x + \frac{7}{5} x + \frac{42}{25}
\end{aligned}$$

2 Differentialrechnung mehrerer Variabler

Aufgabe 2.1

Betrachtet werden Funktionen mit mehreren Variablen, deren partielle Ableitungen bestimmt werden sollen.

1. Die partiellen Ableitungen

$$\frac{\partial f}{\partial x}, \quad \frac{\partial f}{\partial y}, \quad \frac{\partial^2 f}{\partial x \partial y}, \quad \frac{\partial^2 f}{\partial y \partial x}$$

der Funktion

$$f : (x, y) \longmapsto f(x, y) = x^3 - 8x^2 y + xy + 15x - 20y + 2$$

sind zu bestimmen.

2. Die partiellen Ableitungen

$$\frac{\partial f}{\partial x}, \quad \frac{\partial f}{\partial y}, \quad \frac{\partial f}{\partial z}$$

der Funktion

$$f : (x, y, z) \longmapsto f(x, y, z) = x^5 + 6x^3 y - 2x^2 yz + 3yz^3$$

sind zu bestimmen.

3. Die partiellen Ableitungen

$$\frac{\partial f}{\partial x}, \quad \frac{\partial f}{\partial y}$$

der Funktion

$$f : (x, y) \longmapsto f(x, y) = z = \cos(x + y)\cos(x - y)$$

sind zu bestimmen.

Lösung 2.1

Zu 1.)

Es gilt

$$\frac{\partial}{\partial x} f(x,y) = 3x^2 - 16xy + y + 15$$

$$\frac{\partial}{\partial y} f(x,y) = -8x^2 + x - 20$$

$$\frac{\partial^2}{\partial x \partial y} f(x,y) = -16x + 1$$

$$\frac{\partial^2}{\partial y \partial x} f(x,y) = -16x + 1$$

Zu 2.)

Es gilt:

$$\frac{\partial}{\partial x} f(x,y,z) = 5x^4 + 18x^2 y - 4xyz$$

$$\frac{\partial}{\partial y} f(x,y,z) = 6x^3 - 2x^2 z + 3z^3$$

$$\frac{\partial}{\partial z} f(x,y,z) = -2x^2 y + 9yz^2$$

Zu 3.)

Es gilt:

$$\frac{\partial}{\partial x} f(x,y) = -sin(x+y)cos(x-y) + [-sin(x-y)cos(x+y] =$$

$$= -sin(x+y)cos(x-y) - sin(x-y)cos(x+y)$$

$$\frac{\partial}{\partial y} f(x,y) = -sin(x+y)cos(x-y) + [sin(x-y)cos(x+y)] =$$

$$= -sin(x+y)cos(x-y) + sin(x-y)cos(x+y)$$

Aufgabe 2.2

Die ersten partiellen Ableitungen

$$\frac{\partial f}{\partial x}, \quad \frac{\partial f}{\partial y}, \quad \frac{\partial f}{\partial z}$$

der folgenden Funktionen

1. $f : \mathbb{R}^2 \to \mathbb{R}$
$$f : (x,y) \longmapsto f(x,y) = e^{\sin(xy)} + e^{\cos(x+y)}$$

2. $f : \mathbb{R}^3 \to \mathbb{R}$
$$f : (x,y,z) \longmapsto f(x,y,z) = e^x \ln(y) + z^2 \cos(y)$$

3. $f : \mathbb{R}^2 \to \mathbb{R}$
$$f : (x,y) \longmapsto f(x,y) = \frac{1+xy}{1-xy}$$

sind zu bestimmen.

Lösung 2.2

Zu 1.)

Es gilt:

$$\frac{\partial}{\partial x} f(x,y) \;=\; e^{sin(xy)} cos(xy)y + e^{cos(x+y)} \left[-sin(x+y)\right] =$$

$$=\; y cos(xy) e^{sin(xy)} - sin(x+y) e^{cos(x+y)}$$

$$\frac{\partial}{\partial y} f(x,y) \;=\; e^{sin(xy)} cos(xy)x + e^{cos(x+y)} \left[-sin(x+y)\right] =$$

$$=\; x cos(xy) e^{sin(xy)} - sin(x+y) e^{cos(x+y)}$$

Zu 2.)

Es gilt:

$$\frac{\partial}{\partial x} f(x,y,z) = e^x ln(y)$$

$$\frac{\partial}{\partial y} f(x,y,z) \;=\; \frac{e^x}{y} + z^2 \left[-sin(y)\right] =$$

$$=\; \frac{e^x}{y} - z^2 sin(y)$$

$$\frac{\partial}{\partial z} f(x,y,z) = 2z cos(y)$$

Zu 3.)

$$\frac{\partial}{\partial x} f(x,y) \;=\; \frac{(1-xy)(1 \cdot y) - (1+xy)(-y)}{(1-xy)^2} =$$

$$=\; \frac{y - xy^2 + y + xy^2}{(1-xy)^2} =$$

$$=\; \frac{2y}{(1-xy)^2}$$

$$\frac{\partial}{\partial y} f(x,y) \;=\; \frac{(1-xy)(x) - (1+xy)(-x)}{(1-xy)^2} =$$

$$=\; \frac{x - x^2 y - x + x^2 y}{(1-xy)^2} =$$

$$=\; \frac{2x}{(1-xy)^2}$$

Aufgabe 2.3

Für die Funktion

$$f : (x, y, z) \longmapsto f(x, y, z) = e^{xyz}$$

sind die partiellen Ableitungen dritter Ordnung

$$\frac{\partial^3}{\partial x \partial x \partial x} f(x, y, z)$$

$$\frac{\partial^3}{\partial y \partial y \partial y} f(x, y, z)$$

$$\frac{\partial^3}{\partial z \partial z \partial z} f(x, y, z)$$

zu bestimmen.

Lösung 2.3

$$\frac{\partial}{\partial x} f(x,y,z) \;=\; yz\,e^{xyz}$$

$$\frac{\partial^2}{\partial x \partial x} f(x,y,z) \;=\; y^2 z^2\,e^{xyz}$$

$$\frac{\partial^3}{\partial x \partial x \partial x} f(x,y,z) \;=\; y^3 z^3\,e^{xyz}$$

$$\frac{\partial}{\partial y} f(x,y,z) \;=\; xz\,e^{xyz}$$

$$\frac{\partial^2}{\partial y \partial y} f(x,y,z) \;=\; x^2 z^2\,e^{xyz}$$

$$\frac{\partial^3}{\partial y \partial y \partial y} f(x,y,z) \;=\; x^3 z^3\,e^{xyz}$$

$$\frac{\partial}{\partial z} f(x,y,z) \;=\; xy\,e^{xyz}$$

$$\frac{\partial^2}{\partial z \partial z} f(x,y,z) \;=\; x^2 y^2\,e^{xyz}$$

$$\frac{\partial^3}{\partial z \partial z \partial z} f(x,y,z) \;=\; x^3 y^3\,e^{xyz}$$

Aufgabe 2.4

Für die Funktion

$$f : (x, y, z) \longmapsto f(x, y, z) = x^2 ln(sin(y - z))$$

ist die Gültigkeit der Gleichungen

$$\frac{\partial^3}{\partial x \partial y \partial z} f(x, y, z) = \frac{\partial^3}{\partial z \partial y \partial x} f(x, y, z)$$

$$\frac{\partial^3}{\partial y \partial y \partial z} f(x, y, z) = \frac{\partial^3}{\partial z \partial y \partial y} f(x, y, z)$$

nachzuweisen.

Lösung 2.4

Für die erste Gleichung gilt:

$$\frac{\partial^3}{\partial x} f(x,y,z) = 2x \cdot ln\left[sin(y-z)\right]$$

$$\frac{\partial^3}{\partial x \partial y} f(x,y,z) = 2x \frac{1}{sin(y-z)} cos(y-z) = 2x cot(y-z)$$

$$\frac{\partial^3}{\partial x \partial y \partial z} f(x,y,z) = 2x \frac{-1}{sin^2(y-z)}(-1) = \frac{2x}{sin^2(y-z)}$$

$$\frac{\partial^3}{\partial z} f(x,y,z) = x^2 \frac{1}{sin(y-z)} cos(y-z)(-1) = -x^2 cot(y-z)$$

$$\frac{\partial^3}{\partial z \partial y} f(x,y,z) = -x^2 \frac{-1}{sin^2(y-z)}(1) = \frac{x^2}{sin^2(y-z)}$$

$$\frac{\partial^3}{\partial z \partial y \partial x} f(x,y,z) = \frac{2x}{sin^2(y-z)}$$

Damit ist durch

$$\frac{\partial^3}{\partial x \partial y \partial z} f(x,y,z) = \frac{2x}{sin^2(y-z)} = \frac{\partial^3}{\partial z \partial y \partial x} f(x,y,z)$$

die Gültigkeit nachgewiesen.

Für die zweite Gleichung gilt:

$$\frac{\partial}{\partial y}f(x,y,z) = x^2\frac{1}{sin(y-z)}cos(y-z) = x^2cot(y-z)$$

$$\frac{\partial^2}{\partial y\partial y}f(x,y,z) = \frac{-x^2}{sin^2(y-z)}(1)$$

$$\frac{\partial^2}{\partial y\partial y\partial z}f(x,y,z) = -x^2\frac{[0-1\cdot 2sin(y-z)cos(y-z)(-1)]}{sin^4(y-z)} =$$

$$= \frac{-x^2\cdot 2\cdot sin(y-z)cos(y-z)}{sin^4(y-z)} =$$

$$= \frac{-2x^2cos(y-z)}{sin^3(y-z)}$$

$$\frac{\partial}{\partial z}f(x,y,z) = -x^2cot(y-z)$$

$$\frac{\partial^2}{\partial z\partial y}f(x,y,z) = \frac{x^2}{sin^2(y-z)}$$

$$\frac{\partial^2}{\partial z\partial y\partial y}f(x,y,z) = \frac{x^2[0+1\cdot 2\cdot sin(y-z)cos(y-z)]}{sin^4(y-z)} =$$

$$= \frac{-2x^2cos(y-z)}{sin^3(y-z)}$$

Damit ist durch

$$\frac{\partial^3}{\partial z\partial y\partial y}f(x,y,z) = \frac{-2x^2cos(y-z)}{sin^3(y-z)} = \frac{\partial^3}{\partial y\partial y\partial z}f(x,y,z)$$

die Gültigkeit nachgewiesen.

Aufgabe 2.5

Es ist für

$$f : (x, y) \longmapsto f(x, y) = e^y arcsin(x - y)$$

die Gültigkeit von

$$\frac{\partial}{\partial x} f(x, y) + \frac{\partial}{\partial y} f(x, y) = f(x, y)$$

zu zeigen.

Lösung 2.5

Es gilt für die partiellen Ableitungen

$$\frac{\partial}{\partial x}f(x,y) \;=\; e^y\frac{1}{\sqrt{1-(x-y)^2}}$$

$$\frac{\partial}{\partial y}f(x,y) \;=\; e^y arcsin(x-y) + e^y\frac{1\cdot(-1)}{\sqrt{1-(x-y)^2}} \;=\;$$

$$=\; e^y\left\{arcsin(x-y) - \frac{1}{\sqrt{1-(x-y)^2}}\right\}$$

Für die partielle Differentialgleichung ergibt sich

$$\frac{\partial}{\partial x}f(x,y) + \frac{\partial}{\partial y}f(x,y) \;=\; \frac{e^y}{\sqrt{1-(x-y)^2}} + e^y\left\{arcsin(x-y) - \frac{1}{\sqrt{1-(x-y)^2}}\right\} \;=\;$$

$$=\; e^y arcsin(x-y) = f(x,y)$$

Aufgabe 2.6

Es ist

$$g : (x, y) \mapsto g(x, y) = x \frac{\partial}{\partial x} f(x, y) + y \frac{\partial}{\partial y} f(x, y)$$

für die Funktion

$$f : (x, y) \mapsto f(x, y) = \frac{x}{y}$$

zu bestimmen.

Lösung 2.6

$$\frac{\partial}{\partial x} f(x,y) \;=\; \frac{1}{y}$$

$$\frac{\partial}{\partial y} f(x,y) \;=\; x(-1)y^{-2} = -\frac{x}{y^2}$$

Damit ergibt sich

$$x\frac{\partial}{\partial x} f(x,y) + y\frac{\partial}{\partial y} f(x,y) = x\frac{1}{y} + y\frac{-x}{y^2} = \frac{x}{y} - \frac{x}{y} = 0$$

Aufgabe 2.7

Es ist

$$g : (x, y, z) \mapsto g(x, y, z) = \frac{\partial}{\partial x} f(x, y, z) + \frac{\partial}{\partial y} f(x, y, z) + \frac{\partial}{\partial z} f(x, y, z)$$

für

$$f : (x, y, z) \longmapsto f(x, y, z) = ln(x^3 + y^3 + z^3 - 3xyz)$$

zu bestimmen.

Lösung 2.7

$$\frac{\partial}{\partial x}f(x,y) = \frac{1}{x^3 + y^3 + z^3 - 3xyz}\left[3x^2 - 3yz\right] =$$

$$= \frac{3x^2 - 3yz}{x^3 + y^3 + z^3 - 3xyz}$$

$$\frac{\partial}{\partial y}f(x,y) = \frac{3y^2 - 3xz}{x^3 + y^3 + z^3 - 3xyz}$$

$$\frac{\partial}{\partial z}f(x,y) = \frac{3z^2 - 3xy}{x^3 + y^3 + z^3 - 3xyz}$$

Damit gilt

$$\frac{\partial}{\partial x}f(x,y) + \frac{\partial}{\partial y}f(x,y) + \frac{\partial}{\partial z}f(x,y) =$$

$$= \frac{1}{x^3 + y^3 + z^3 - 3xyz}\left\{3x^2 - 3yz + 3y^2 - 3xz + 3z^2 - 3xy\right\} =$$

$$= \frac{3}{x^3 + y^3 + z^3 - 3xyz}\left\{x^2 + y^2 + z^2 - yz - xz - xy\right\}$$

Aufgabe 2.8

Es ist zu zeigen, dass

$$f : (x, y) \longmapsto f(x, y) = e^{\frac{x^2}{y^2}}$$

die Gleichung

$$x \frac{\partial}{\partial x} f(x, y) + y \frac{\partial}{\partial y} f(x, y) = 0$$

erfüllt.

Lösung 2.8

Es gilt für die partiellen Ableitungen

$$\frac{\partial}{\partial x}f(x,y) = e^{\frac{x^2}{y^2}}\frac{2x}{y^2}$$

$$\frac{\partial}{\partial y}f(x,y) = e^{\frac{x^2}{y^2}}x^2(-2)\frac{1}{y^3} =$$

$$= \frac{-2x^2}{y^3}e^{\frac{x^2}{y^2}}$$

Damit ergibt sich für die partielle Differentialgleichung

$$x\frac{\partial}{\partial x}f(x,y)+y\frac{\partial}{\partial y}f(x,y) = x\frac{2x}{y^2}e^{\frac{x^2}{y^2}}+y\frac{-2x^2}{y^3}e^{\frac{x^2}{y^2}} =$$

$$= \frac{2x^2}{y^2}e^{\frac{x^2}{y^2}}-\frac{2x^2}{y^2}e^{\frac{x^2}{y^2}} = 0$$

Aufgabe 2.9

Die Gleichung der Tangentialebene an die Fläche $z = f(x,y)$ im Flächenpunkt

$$P = (x_0, y_0, z_0) \quad \text{mit} \quad z_0 = f(x_0, y_0)$$

lautet:

$$z - z_0 = \frac{\partial}{\partial x} f(x_0, y_0)(x - x_0) + \frac{\partial}{\partial y} f(x_0, y_0)(y - y_0)$$

1. Es ist die Gleichung der Tangentialfläche an die Bildfläche von

$$f : (x,y) \longmapsto f(x,y) = x^2 + y^2 \text{ im Flächenpunkt } P = (1,1,2)$$

zu bestimmen.

2. Die Gleichung der Tangentialebene in P=(0,1,1) mit

$$f : (x,y) \longmapsto f(x,y) = (x^2 + y^2)e^{-x}$$

ist zu bestimmen.

Lösung 2.9

Zu 1.)

Für die beiden ersten partiellen Ableitungen ergibt sich

$$\frac{\partial}{\partial x} f(x,y) = 2x$$

$$\frac{\partial}{\partial y} f(x,y) = 2y$$

Das Einsetzen in die Gleichung für die Tangentialebene führt zu

$$z - 2 = 2(x - 1) + 2(y - 1) = 2x - 2 + 2y - 2$$

Aufgelöst nach z ergibt sich

$$z = 2x + 2y - 2$$

Die Transformation in die aus der Vektoriellen Analytischen Geometrie bekannten Parameterform ergibt sich mit der Setzung

$$x = \mu \qquad y = \lambda$$

zu

$$\vec{x} = \begin{pmatrix} 0 \\ 0 \\ -2 \end{pmatrix} + \mu \begin{pmatrix} 1 \\ 0 \\ 2 \end{pmatrix} + \lambda \begin{pmatrix} 0 \\ 1 \\ 2 \end{pmatrix}$$

Zu 2.)

$$\frac{\partial}{\partial x} f(x,y) = 2xe^{-x} + x^2(-1)e^{-x} + y^2(-1)e^{-x} =$$

$$= 2xe^{-x} - x^2 e^{-x} - y^2 e^{-x}$$

$$\frac{\partial}{\partial y} f(x,y) = 2ye^{-x}$$

Eingesetzt in die Gleichung für die Tangentialebene ergibt sich

$$z - 1 = (-1)(x - 0) + 2(y - 1) = -x + 2y - 2$$

Aufgelöst nach z ergibt sich

$$z = -x + 2y - 1$$

Aufgabe 2.10

Die Extremstellen und Extremwerte der Funktion

$$f : (x, y) \longmapsto f(x, y) = x^2 - xy + y^2 + 3y$$

sind zu bestimmen.

Lösung 2.10

Für die beiden partiellen Ableitungen ergibt sich zunächst

$$\frac{\partial}{\partial x} f(x,y) \; = \; 2x - y$$

$$\frac{\partial}{\partial x} f(x,y) \; = \; -x + 2y + 3$$

Das Nullsetzen beider Gleichungen liefert die beiden Lösungen

$$\begin{array}{rrrrr}
(1) & 2x & - & y & = & 0 \\
(2) & -x & + & 2y & = & 0
\end{array}$$

Aus (1) ergibt sich

$$y = 2x$$

und aus (2)

$$-x + 2y = -3$$

Aus beiden folgt

$$-x + 4x = -3 \;\Rightarrow\; 3x = -3 \;\Rightarrow\; x = -1$$

und

$$y = -2$$

Hieraus kann geschlossen werden, dass für das Wertepaar

$$x_E = -1 \qquad y_E = -2$$

möglicherweise Extremwerte vorliegen. Die zweiten partiellen Ableitungen ergeben sich zu

$$\frac{\partial^2}{\partial x \partial x} f(x,y) \; = \; 2$$

$$\frac{\partial^2}{\partial x \partial y} f(x,y) \; = \; -1$$

$$\frac{\partial^2}{\partial y \partial y} f(x,y) \; = \; 2$$

Angewendet auf das obige Wertepaar liefert das Kriterium

$$\frac{\partial^2}{\partial x \partial x} f(-1,-2) \cdot \frac{\partial^2}{\partial y \partial y} f(-1,-2) - \left[\frac{\partial^2}{\partial x \partial y} f(-1,-2) \right]^2 = 2 \cdot 2 - 1 > 0$$

die Existenz eines Extremwertes.

Es gilt

$$\frac{\partial^2}{\partial x \partial x} f(-1,-2) > 0 \qquad \frac{\partial^2}{\partial y \partial y} f(-1,-2) > 0$$

Und weiter

$$f(-1,-2) = (-1)^2 - (-1)(-2) + (-2)^2 + 3(-2) = 1 - 2 + 4 - 6 = -3$$

was bedeutet, dass es sich um ein Minimum handelt.

Für dieses gilt

$$Min(x = -1, y = -2, z = -3)$$

Aufgabe 2.11

Die Extremstellen und Extremwerte der Funktion

$$f : (x,y) \longmapsto f(x,y) = x^2 + 3xy + y^2 - x - 4y + 8$$

sind zu bestimmen.

Lösung 2.11

Für die ersten partiellen Ableitungen ergibt sich

$$\frac{\partial}{\partial x}f(x,y) \;=\; 2x + 3y - 1$$

$$\frac{\partial}{\partial x}f(x,y) \;=\; 3x + 2y - 4$$

Hieraus resultiert das Gleichungssystem

$$\begin{array}{rlcl}(1) & 2x+3y & = & 1 \\ (2) & 3x+2y & = & 4\end{array}$$

Hieraus folgt zunächst

$$x = \frac{1 - 3y}{2}$$

eingesetzt in (2)

$$3\frac{1-3y}{2} + 2y = 4 \;\Rightarrow\; 3 - 9y + 4y = 8 \;\Rightarrow\; -5 = 5y \;\Rightarrow\; y = -1$$

Eingesetzt in eine der Gleichungen des obigen Systems liefert dies

$$x = 2$$

Die zweiten partiellen Ableitungen ergeben

$$\frac{\partial^2}{\partial x \partial x}f(x,y) \;=\; 2$$

$$\frac{\partial^2}{\partial y \partial y}f(x,y) \;=\; 2$$

$$\frac{\partial^2}{\partial x \partial y}f(x,y) \;=\; 2$$

Damit ergibt die Anwendung des Kriteriums

$$\frac{\partial^2}{\partial x \partial x}f(2,-1) \cdot \frac{\partial}{\partial y \partial y}f(2,-1) - \left[\frac{\partial^2}{\partial x \partial y}f(2,-1)\right]^2 = 4 - 9 = -5 < 0$$

Hieraus folgt, dass kein Extremum existiert.

Aufgabe 2.12

Die Extremstellen und Extremwerte der folgenden Funktion mit

$$f : (x, y,) \longmapsto f(x, y) = xy$$

mit der Nebenbedingungen

$$h : (x, y) \longmapsto h(x, y) = x^2 + y^2 - a^2 = 0$$

sind zu bestimmen.

Lösung 2.12

Aus der Funktion und der Nebenbedingung wird die erweiterte Zielfunktion gewonnen

$$F(x,y) = xy + \lambda(x^2 + y^2 - a^2)$$

Die partiellen Ableitungen ergeben sich zu

$$\frac{\partial}{\partial x}F(x,y) = y + 2x\lambda$$

$$\frac{\partial}{\partial y}F(x,y) = x + 2y\lambda$$

Unter Einbezug der Nebenbedingung ergeben sich die folgenden Gleichungen

$$
\begin{array}{llllll}
(1) & y & + & 2x\lambda & & = & 0 \\
(2) & x & + & 2y\lambda & & = & 0 \\
(3) & x^2 & + & y^2 & -a^2 & = & 0
\end{array}
$$

Aus Gleichung (2) ergibt sich

$$x = -2y\lambda$$

Eingesetzt in die Gleichungen (1) und (3) ergibt sich

$$
\begin{array}{lllll}
(1)' & y & + & 2(-2y\lambda)\lambda & = & 0 \\
(2)' & 4y^2\lambda^2 & + & y^2 - a^2 & = & 0
\end{array}
$$

$$
\begin{array}{lllll}
(1)' & y & - & 4y\lambda^2 & = & 0 \\
(2)' & y^2(4\lambda^2 + 1) & - & a^2 & = & 0
\end{array}
$$

Aus Gleichung (1)' ergibt sich

$$y(1 - 4\lambda^2) = 0 \;\Rightarrow\; y = 0 \quad \text{und} \quad 1 - 4\lambda^2 = 0 \;\Rightarrow\; \lambda = \pm\frac{1}{2}$$

Die Lösung $y = 0$ wird in (2)' eingesetzt und ergibt

$$0(4\lambda^2 + 1) - a^2 = 0$$

was zu einem Widerspruch führt, da stets

$$-a^2 \neq 0$$

gilt. Der für λ gefundene Wert $\lambda = \pm\frac{1}{2}$ wird in Gleichung (2)' eingesetzt

$$y^2\left(4 \cdot \frac{1}{4} + 1\right) - a^2 = 0 \;\Rightarrow\; y^2(2) - a^2 = 0 \;\Rightarrow\; 2y^2 = a^2 \;\Rightarrow\; y = \pm\frac{a}{\sqrt{2}}$$

$$\Rightarrow\ y = \pm\frac{1}{2}\sqrt{2}\,a\ \Rightarrow\ y_1 = +\frac{a}{2}\sqrt{2}\ \ \text{und}\ \ y_1 = -\frac{a}{2}\sqrt{2}$$

Zur Bestimmung der Extremwerte ergeben sich die folgenden möglichen Fälle

$$\lambda = +\frac{1}{2}\quad y_1 = -\frac{a}{2}\sqrt{2}$$

$$x_1 = -2\cdot\frac{a}{2}\sqrt{2}\cdot\frac{1}{2} = -\frac{a}{2}\sqrt{2}\ \Rightarrow\ E_1\left(-\frac{a}{2}\sqrt{2},+\frac{a}{2}\sqrt{2}\right)\quad z_1 = -\frac{a^2}{2}$$

$$\lambda = -\frac{1}{2}\quad y_1 = -\frac{a}{2}\sqrt{2}$$

$$x_2 = +2\cdot\frac{a}{2}\sqrt{2}\cdot\frac{1}{2} = +\frac{a}{2}\sqrt{2}\ \Rightarrow\ E_2\left(\frac{a}{2}\sqrt{2},\frac{a}{2}\sqrt{2}\right)\quad z_2 = \frac{a^2}{2}$$

$$\lambda = +\frac{1}{2}\quad y_2 = -\frac{a}{2}\sqrt{2}$$

$$x_3 = -2\cdot\left(\frac{a}{2}\sqrt{2}\right)\cdot\frac{1}{2} = +\frac{a}{2}\sqrt{2}\ \Rightarrow\ E_3\left(\frac{a}{2}\sqrt{2},-\frac{a}{2}\sqrt{2}\right)\quad z_3 = -\frac{a^2}{2}$$

$$\lambda = -\frac{1}{2}\quad y_2 = -\frac{a}{2}\sqrt{2}$$

$$x_4 = -2\cdot\left(-\frac{a}{2}\sqrt{2}\right)\cdot\left(-\frac{1}{2}\right) = -\frac{a}{2}\sqrt{2}\ \Rightarrow\ E_4\left(-\frac{a}{2}\sqrt{2},-\frac{a}{2}\sqrt{2}\right)\quad z_4 = \frac{a^2}{2}$$

Die weitere Untersuchung liefert zunächst die partiellen Ableitungen

$$\frac{\partial^2}{\partial x\partial x}F(x,y)\ =\ 2\lambda$$

$$\frac{\partial^2}{\partial y\partial y}F(x,y)\ =\ 2\lambda$$

$$\frac{\partial^2}{\partial x\partial y}F(x,y)\ =\ 1$$

Für $\lambda = \pm\frac{1}{2}$ gilt

$$\lambda = \frac{1}{2} \quad : \quad \frac{\partial^2}{\partial x \partial x} F(x,y) = \frac{\partial^2}{\partial y \partial y} F(x,y) = 1 > 0 \ \Rightarrow \ MIN$$

$$\lambda = -\frac{1}{2} \quad : \quad \frac{\partial^2}{\partial x \partial x} F(x,y) = \frac{\partial^2}{\partial y \partial y} F(x,y) = -1 > 0 \ \Rightarrow \ MAX$$

Für die Existenz ergibt sich

$$\frac{\partial^2}{\partial x \partial x} F(x,y) \cdot \frac{\partial^2}{\partial y \partial y} F(x,y) - \left[\frac{\partial^2}{\partial x \partial y} F(x,y) \right]^2 = (2\lambda)(2\lambda) - 1 = 4\lambda^2 - 1 = 0$$

Dies gilt für $\lambda = \pm\frac{1}{2}$. Daraus ergibt sich, dass kein Extremwert existiert.

Aufgabe 2.13

Die Extremstellen und Extremwerte von

$$f : (x, y) \longmapsto f(x, y,) = 3 - \frac{3}{4}x - y$$

unter der Nebenbedingung

$$4x^2 + 4y^2 - 9 = 0$$

sind zu bestimmen.

Lösung 2.13

Unter Anwendung der Lagrangeschen Multiplikatorregel ergibt sich für die erweiterte
Zielfunktion

$$F(x,y) = f(x,y) + \lambda\varphi(x,y) \;=\; 3 - \frac{3}{4}x - y + \lambda(4x^2 + 4y^2 - 9) =$$

$$= \; 3 - \frac{3}{4}x - y + 4\lambda x^2 + 4\lambda y^2 - 9\lambda$$

Die partiellen Ableitungen der erweiterten Zielfunktion ergeben

$$\frac{\partial}{\partial x}F(x,y) \;=\; -\frac{3}{4} + 8\lambda x$$

$$\frac{\partial}{\partial x}F(x,y) \;=\; -1 + 8\lambda y$$

Damit ergeben sich die Gleichungssysteme

$$
\begin{array}{llrll}
(1) & -\frac{3}{4} & + \; 8\lambda x & & = \; 0 \\
(2) & -1 & + \; 8\lambda y & & = \; 0 \\
(3) & 4x^2 & + \; 4y^2 & - \; 9 & = \; 0
\end{array}
$$

Aus (1) ergibt sich

$$8\lambda x = \frac{3}{4} \;\Rightarrow\; x = \frac{3}{32\lambda}$$

Aus (2) ergibt sich

$$y = \frac{1}{8\lambda}$$

Beide Resultate werden in Gleichung (3) eingesetzt

$$4 \cdot \left(\frac{3}{32\lambda}\right)^2 + 4 \cdot \left(\frac{1}{8\lambda}\right)^2 - 9 = 0$$

$$\Rightarrow \; 4 \cdot \frac{9}{1024\lambda^2} + 4 \cdot \frac{1}{64\lambda^2} - 9 = 0 \;\Rightarrow\; \lambda = \pm\frac{10}{96} = \pm\frac{5}{48}$$

Für

$$\lambda = +\frac{5}{48} > 0$$

gilt:

$$x_E \;=\; \frac{3}{32\lambda} = \frac{3}{32 \cdot \frac{5}{48}} = \frac{9}{10}$$

$$y_E \;=\; \frac{1}{8\lambda} = \frac{1}{8 \cdot \frac{5}{48}} = \frac{6}{5}$$

Für

$$\lambda = -\frac{5}{48} < 0$$

gilt:

$$x_E \;=\; \frac{3}{32\lambda} = \frac{3}{32 \cdot \left(-\frac{5}{48}\right)} = -\frac{9}{10}$$

$$y_E \;=\; \frac{1}{8\lambda} = \frac{1}{8 \cdot \left(-\frac{5}{48}\right)} = -\frac{6}{5}$$

Für die zweiten partiellen Ableitungen gilt

$$\frac{\partial}{\partial x \partial x} F(x,y) \;=\; 8\lambda$$

$$\frac{\partial}{\partial y \partial y} F(x,y) \;=\; 8\lambda$$

$$\frac{\partial}{\partial x \partial y} F(x,y) \;=\; 0$$

Weiter gilt

$$\frac{\partial}{\partial x \partial x} F(x,y) \cdot \frac{\partial}{\partial y \partial y} F(x,y) - \left[\frac{\partial}{\partial x \partial y} F(x,y)\right]^2 = (8\lambda)(8\lambda) = 64\lambda^2 > 0$$

Daraus kann geschlossen werden, dass ein Extremum existiert. Für die zweiten partiellen Ableitungen gilt weiterhin

$$\lambda = +\frac{5}{48} \;\Rightarrow\; \frac{\partial}{\partial x \partial x} F(x,y) \;=\; 8\lambda = 8 \cdot \frac{5}{48} = \frac{5}{6} > 0 \;\Rightarrow\; MIN$$

$$\lambda = -\frac{5}{48} \;\Rightarrow\; \frac{\partial}{\partial y \partial y} F(x,y) \;=\; 8\lambda = 8 \cdot \left(-\frac{5}{48}\right) = -\frac{5}{6} < 0 \;\Rightarrow\; MAX$$

Es gilt für das Minimum:

$$f(x_E, y_E) - f\left(\frac{9}{10}, \frac{6}{5}\right) = 3 - \frac{3}{4} \cdot \frac{9}{10} - \frac{6}{5} = \frac{9}{8}$$

Es gilt für das Maximum:

$$f(x_E, y_E) = f\left(-\frac{9}{10}, -\frac{6}{5}\right) = 3 + \frac{3}{4} \cdot \frac{9}{10} + \frac{6}{5} = \frac{39}{8}$$

Aufgabe 2.14

Betrachtet werde die Gasgleichung

$$\left(p + \frac{a}{v^2}\right) \cdot (v - b) = ct$$

mit den Konstanten $a, b, c \in \mathbb{R}$

1. Die partielle Ableitung
$$\frac{\partial p}{\partial v}$$
   ist zu bestimmen.

2. Die partielle Ableitung
$$\frac{\partial v}{\partial t}$$
   ist zu bestimmen.

3. Die partielle Ableitung
$$\frac{\partial t}{\partial p}$$
   ist zu bestimmen.

4. Es ist zu zeigen, dass
$$\frac{\partial p}{\partial v} \cdot \frac{\partial v}{\partial t} \cdot \frac{\partial t}{\partial p} = -1$$
   gilt.

Lösung 2.14

Zu 1.)

Aus der Gasgleichung

$$\left(p + \frac{a}{v^2}\right) \cdot (v - b) = ct$$

ergibt sich durch Umstellen

$$\left(p + \frac{a}{v^2}\right) \cdot (v - b) - ct = 0$$

Hierauf wird die partielle Ableitung unter Einbezug der Produkt-Regel angewandt

$$\frac{\partial p}{\partial v}\left[\left(p + \frac{a}{v^2}\right) \cdot (v - b) - ct\right] = \left(p + \frac{a}{v^2}\right) + (v - b)\left(\frac{\partial p}{\partial v} - \frac{2a}{v^3}\right) = 0$$

Das Ausmultiplizieren des obigen Ausdrucks liefert

$$p + \frac{a}{v^2} + v\frac{\partial p}{\partial v} - b\frac{\partial p}{\partial v} - \frac{2a}{v^2} + \frac{2ab}{v^3} = 0$$

Die beidseitige Multiplikation mit v^3 liefert

$$pv^3 + av + v^4\frac{\partial p}{\partial v} - b\frac{\partial p}{\partial v}v^3 - 2av + 2ab = 0$$

$$\frac{\partial p}{\partial v}\left[v^4 - bv^3\right] = 2av - av - 2ab - pv^3 = av - 2ab - pv^3$$

Hieraus ergibt sich

$$\frac{\partial p}{\partial v} = \frac{av - 2ab - pv^3}{v^4 - bv^3} = \frac{av - 2ab - pv^3}{v^3\left[v - b\right]} = \frac{2a(v - b) - \left(p + \frac{a}{v^2}\right)v^3}{v^3(v - b)}$$

Zu 2.)

Aus der Gasgleichung

$$\left(p + \frac{a}{v^2}\right) \cdot (v - b) = ct$$

folgt

$$pv + \frac{a}{v} - pb - \frac{ab}{v^2} - ct = 0$$

Mittels der Anwendung der Produkt-Regel ergibt sich

$$p\frac{\partial v}{\partial t} + a(-1)\frac{1}{v^2}\frac{\partial v}{\partial t} + \frac{2ab\frac{\partial v}{\partial t}}{v^3} = 0$$

$$p\frac{\partial v}{\partial t} - \frac{a\frac{\partial v}{\partial t}}{v^2} + \frac{2ab\frac{\partial v}{\partial t}}{v^3} - c = 0 \;\Rightarrow\; p\frac{\partial v}{\partial t}v^3 - ap\frac{\partial v}{\partial t}v + 2abp\frac{\partial v}{\partial t} - cv^3 = 0$$

Eine elementare Umformung ergibt

$$p\frac{\partial v}{\partial t}(pv^3 - av + 2ab) = cv^3$$

und damit

$$p\frac{\partial v}{\partial t} \;=\; \frac{cv^3}{pv^3 - av + 2ab} = \frac{cv^3}{\left(p + \frac{a}{v^2}\right)v^3 - 2av + 2ab} =$$

$$=\; \frac{cv^3}{\left(p + \frac{a}{v^2}\right)v^3 - 2a(v - b)}$$

Zu 3.)

Aus der Gleichung

$$\left(p + \frac{a}{v^2}\right) \cdot (v - b) = ct$$

ergibt sich durch Anwendung der Produktregel

$$1 \cdot (v - b) - c\frac{\partial t}{\partial p} = 0 \;\Rightarrow\; v - b = c\frac{\partial t}{\partial p} \;\Rightarrow\; \frac{\partial t}{\partial p} = \frac{v - b}{c}$$

Zu 4.)

Es gilt

$$\frac{\partial p}{\partial v} \cdot \frac{\partial v}{\partial t} \cdot \frac{\partial t}{\partial p} = \frac{2a(v - b) - \left(p + \frac{a}{v^2}\right)v^3}{v^2(v - b)} \cdot \frac{cv^3}{\left(p + \frac{a}{v^2}\right)v^3 - 2av + 2ab} \cdot \frac{v - b}{c} =$$

$$=\; \frac{(-1)\left[\left(p + \frac{a}{v^2}\right)v^3 - 2av + 2ab\right]}{\left(p + \frac{a}{v^2}\right)v^3 - 2av + 2ab} = -1$$

Aufgabe 2.15

Durch

$$f : \mathbb{R}^2 \to \mathbb{R}^3$$

$$f : (x,y) \mapsto f(x,y) = z = \frac{xy}{x+y}$$

sei eine Fläche im $\mathbb{R}^3$ gegeben.

Die Beschränkung

$$x : t \mapsto x(t) = e^t \quad \text{und} \quad y : t \mapsto y(t) = e^{-t} \quad \text{mit} \quad 0 \le t \le 2\pi$$

liefert eine Kurve auf der obigen Fläche.

1. Zu bestimmen ist

$$\frac{d}{dt} z(t)$$

2. Eine Probe durch Differentiation von z nach Einsetzen von x und y ist auszuführen.

Lösung 2.15

Zu 1.)

Es gilt
$$z = f(x(t), y(t)) = f\left(e^t, e^{-t}\right) = \frac{e^t \cdot e^{-t}}{e^t + e^{-t}} = \frac{1}{e^t + e^{-t}} = z(t)$$

Es ergibt sich die Ableitung zu
$$\frac{d}{dt}z(t) = \frac{-(e^t + e^{-t})}{(e^t + e^{-t})2} = \frac{e^{-t} - e^t}{(e^t + e^{-t})2} = -\frac{tanh(t)}{2cosh(t)}$$

Wegen
$$tanh(t) \;=\; \frac{e^t - e^{-t}}{e^t + e^{-t}}$$

$$cosh(t) \;=\; \frac{e^t + e^{-t}}{2}$$

ergibt sich
$$\frac{tanh(t)}{cosh(t)} = \frac{(e^t - e^{-t}) \cdot 2}{(e^t + e^{-t})(e^t + e^{-t})} = \frac{2(e^t - e^{-t})}{(e^t + e^{-t})^2}$$

Zu 2.)

Nach der Kettenregel gilt für die Ableitung
$$\frac{dz}{dt} \;=\; \frac{\partial z}{\partial x} \cdot \frac{dx}{dt} + \frac{\partial z}{\partial y} \cdot \frac{dy}{dt} =$$

$$=\; \frac{(x+y)y - 1 \dot{x}y}{(x+y)^2}e^t + \frac{(x+y)x - 1 \cdot xy}{(x+y)^2}(-1)e^{-t} =$$

$$=\; \frac{1}{(x+y)^2}\left[y^2 e^t - x^2 e^{-t}\right] = \frac{1}{(e^t + e^{-t})^2}\left[e^{-2t}e^t - e^{2t}e^{-t}\right] =$$

$$=\; \frac{1}{(e^t + e^{-t})^2}\left[e^{-t} - e^t\right]$$

Aufgabe 2.16

Aus der Physik ist das allgemeine Gasgesetz in der Form

$$p \cdot V = R \cdot T$$

mit den Konstanten

$$R, p > 0, \; V > 0, \; T > 0$$

bekannt.

Es ist die Gültigkeit von

$$\frac{\partial V}{\partial p} \cdot \frac{\partial p}{\partial T} = -\frac{\partial V}{\partial T}$$

zu zeigen.

Lösung 2.16

Aus

$$p \cdot V = R \cdot T$$

folgt

$$p = \frac{RT}{V} \;\Rightarrow\; \frac{\partial p}{\partial T} = \frac{R}{V}$$

$$V = \frac{RT}{p} \;\Rightarrow\; \frac{\partial V}{\partial p} = \frac{-RT}{p^2}$$

$$V = \frac{RT}{p} \;\Rightarrow\; \frac{\partial V}{\partial T} = \frac{R}{p}$$

Damit gilt

$$\frac{\partial V}{\partial p} \cdot \frac{\partial p}{\partial T} = \frac{-RT}{p^2} \cdot \frac{R}{V} = -\frac{R^2}{p^2} \cdot \frac{T}{V} \stackrel{!}{=} -\frac{R}{p}$$

Aus

$$p \cdot V = R \cdot T$$

folgt

$$\frac{R}{p} = \frac{V}{T}$$

Damit gilt

$$\frac{\partial V}{\partial p} \cdot \frac{\partial p}{\partial T} = -\frac{R}{p} \cdot \underbrace{\frac{R}{p} \cdot \frac{T}{V}}_{\text{hebt sich auf}} = -\frac{R}{p} = -\frac{\partial V}{\partial T}$$

Aufgabe 2.17

Betrachtet werde die Funktion
$$f : \mathbb{R}^2 \to \mathbb{R}^2$$
$$f(x,y) \mapsto f(x,y) = z = e^x \cdot (2x + y^2)$$

Die lokalen Extremwerte sind zu bestimmen.

Lösung 2.17

Für die partiellen Ableitungen ergibt sich

$$\frac{\partial f(x,y)}{\partial x} = 2xe^{-x} + (x^2 + y^2)(-1)e^{-x} = e^{-x}(2x - x^2 - y^2)$$

$$\frac{\partial f(x,y)}{\partial y} = 2ye^{-x}$$

Diese werden gleich Null gesetzt, d.h.

$$\frac{\partial f(x,y)}{\partial x} = 0 \Leftrightarrow e^{-x}(2x - x^2 - y^2) = 0 \Rightarrow 2x - x^2 - y^2 = 0$$

$$\frac{\partial f(x,y)}{\partial y} = 0 \Leftrightarrow 2ye^{-x} = 0 \Rightarrow 2y = 0 \Rightarrow y = 0$$

Damit ergibt sich

$$2x - x^2 = 0 \Rightarrow x(2 - x) = 0 \Rightarrow x_1 = 0,\ x_2 = 2$$

Damit ergeben sich zwei Punkte

$$P_1(0/0) \quad P_2(2/0)$$

als mögliche Extremwerte. Weiter sind die zweiten partiellen Ableitungen zu betrachten

$$\frac{\partial f(x,y)}{\partial x \partial x} = (-1)e^{-x}(2x - x^2 - y^2) + e^{-x}(2 - 2x) = e^{-x}(-2x + x^2 + y^2 + 2 - 2x) =$$

$$= e^{-x}(x^2 + y^2 - 4x + 2)$$

$$\frac{\partial f(x,y)}{\partial y \partial y} = 2e^{-x}$$

$$\frac{\partial f(x,y)}{\partial y \partial x} = -2ye^{-x}$$

Diese werden zunächst am Punkt P_1 betrachtet.

$$\frac{\partial f(0,0)}{\partial x \partial x} = 1 \cdot 2 = 2 > 0$$

$$\frac{\partial f(0,0)}{\partial y \partial y} = 2 > 0$$

$$\frac{\partial f(0,0)}{\partial y \partial x} = 0$$

Hieraus ergibt sich, dass es sich bei $P_1(0/0)$ um ein Minimum handelt. Das notwendige Kriterium ergibt sich zu

$$\Delta = \frac{\partial f(0,0)}{\partial x \partial x} \cdot \frac{\partial f(0,0)}{\partial y \partial y} - \left[\frac{\partial f(0,0)}{\partial y \partial x}\right]^2 = 2 \cdot 2 = 4 > 0$$

Beim weiteren Punkt $P_2(2/0)$ ist, wie zu sehen ist, das notwendige Kriterium nicht erfüllt, so dass dort kein Extremum vorliegt.

$$\Delta = \frac{\partial f(2,0)}{\partial x \partial x} \cdot \frac{\partial f(2,0)}{\partial y \partial y} - \left[\frac{\partial f(2,0)}{\partial y \partial x}\right]^2 = -8e^{-2} < 0$$

Aufgabe 2.18

Betrachtet werde die partielle Differentialgleichung

$$\frac{\partial^2}{\partial t^2} h(y,t) = c^2 \cdot \frac{\partial^2}{\partial y^2} h(y,t)$$

Nachzuweisen ist, dass die Funktion

$$h : \mathbb{R}^2 \to \mathbb{R}$$

$$h : (y,t) \mapsto h(y,t) = f(y+ct) + g(y-ct)$$

mit der Konstanten $c \in \mathbb{R}$ Lösung der partiellen Differentialgleichung ist.

Lösung 2.18

Für die ersten partiellen Ableitungen ergibt sich

$$\frac{\partial h(y,t)}{\partial y} = f'(y+ct) + g'(y-ct)$$

$$\frac{\partial h(y,t)}{\partial t} = f'(y+ct)\cdot c - g'(y-ct)\cdot c$$

Hieraus ergeben sich die zweiten partiellen Ableitungen

$$\frac{\partial^2 h(y,t)}{\partial y \partial y} = f''(y+ct) + g''(y-ct)$$

$$\frac{\partial^2 h(y,t)}{\partial t \partial t} = f''(y+ct)\cdot c^2 - g''(y-ct)\cdot c^2$$

Eingesetzt in die partielle Differentialgleichung ergibt sich

$$f''(y+ct)\cdot c^2 - g''(y-ct)\cdot c^2 = c^2\left[f''(y+ct) + g''(y-ct)\right]$$

$$\frac{\partial^2 h(y,t)}{\partial t \partial t} = c^2 \frac{\partial^2 h(y,t)}{\partial y \partial y}$$

Aufgabe 2.19

Betrachtet werde eine Funktion $f : \mathbb{R}^2 \to \mathbb{R}$ mit

$$f : (x,y) \mapsto f(x,y) = 2y^2 + xy + x^2$$

Ein Vektor $\vec{b} = (b_1, b_2)$ mit $\mid \vec{b} \mid = \sqrt{2}$ schneide die positive Abszisse unter einem Winkel von $\alpha = \frac{\pi}{3}$

1. Zu bestimmen ist der Vektor

$$\vec{b}$$

2. Zu bestimmen ist

$$grad \, f(x,y)$$

3. Die Richtungsableitung

$$\frac{\partial}{\partial \vec{b}} f(x,y)$$

   ist anzugeben.

4. Die Richtungsableitungen in den Punkten

$$P_1(2,2) \quad \text{und} \quad P_2(1,1)$$

   sind allgemein und mit zwei Nachkommastellen anzugeben.

Lösung 2.19

Zu 1.)

Zur Bestimmung des Vektors $\vec{b}$ ist die nachfolgende Zeichnung hilfreich.

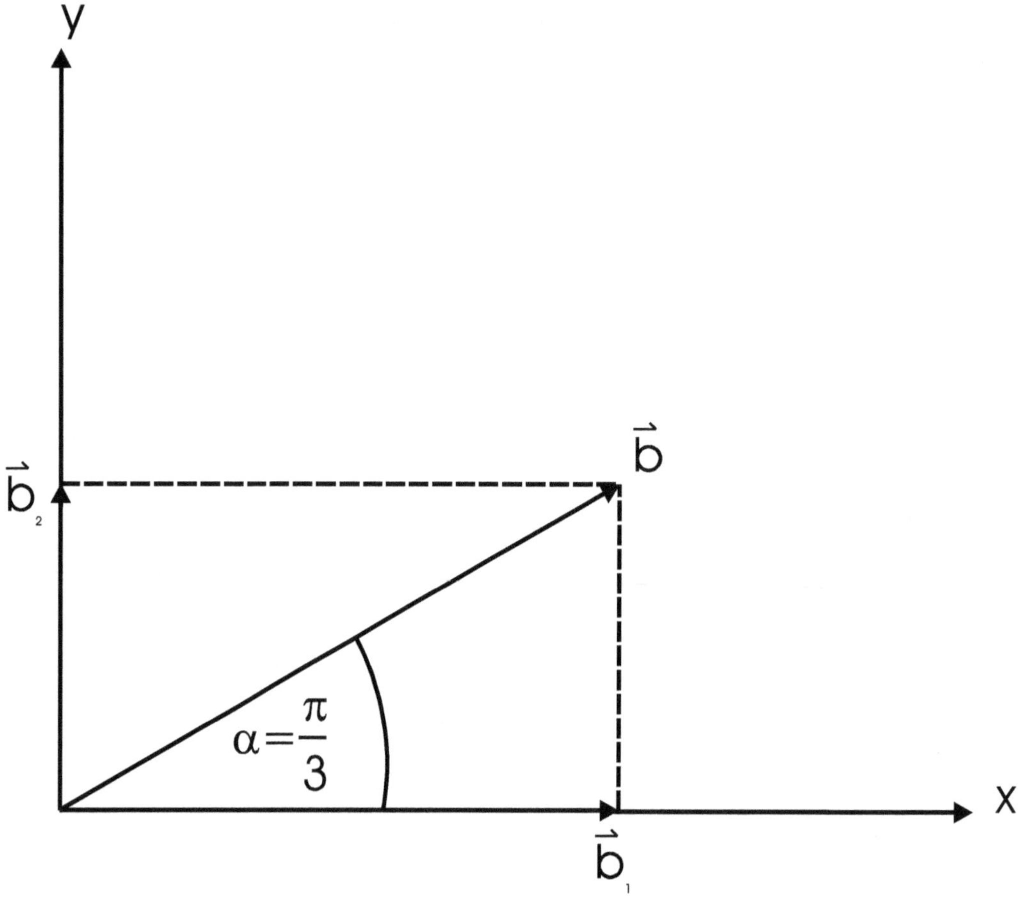

Abbildung 2.1: Bestimmung des Vektors

Es gilt zunächst

$$| \vec{b} | = \sqrt{2} \quad \text{und} \quad \vec{b} = (b_1, b_2)$$

$$| \vec{b_1} | = b_1 \quad \text{und} \quad | \vec{b_2} | = b_2 \quad \text{und} \, b = \sqrt{2}$$

Es gilt weiter

$$sin(\alpha) = \frac{b_2}{b} \quad \Rightarrow \quad b_2 = b \, sin(\alpha)$$

$$cos(\alpha) = \frac{b_1}{b} \quad \Rightarrow \quad b_1 = b \, cos(\alpha)$$

Die Ausdrücke

$$b = \sqrt{2} \quad \alpha = \frac{\pi}{3}$$

ergeben für die Komponenten des Vektors

$$b_1 = \sqrt{2} \, cos \left(\frac{\pi}{3} \right) = \frac{1}{2} \sqrt{2}$$

$$b_2 = \sqrt{2} \, sin \left(\frac{\pi}{3} \right) = \frac{1}{2} \sqrt{6}$$

Hieraus ergibt sich der gesuchte Vektor

$$\vec{b} = \left(\frac{1}{2} \sqrt{2}, \frac{1}{2} \sqrt{6} \right)$$

Zu 2.)

Aus der Funktion

$$f(x, y) = 2y^2 + xy + x^2$$

ergeben sich die beiden partiellen Ableitungen

$$\frac{\partial}{\partial x} f(x, y) \; = \; y + 2x$$

$$\frac{\partial}{\partial y} f(x, y) \; = \; 4y + x$$

Damit ergibt sich der Gradient zu

$$grad \, f(x, y) = (y + 2x, \; 4y + x)$$

Zu 3.)

Für die Richtungsableitung ergibt sich

$$\frac{\partial}{\partial \vec{b}} f(x,y) \;=\; grad\, f(x,y) \cdot \vec{b} = grad\, f(x,y) \cdot (b_1, b_2) =$$

$$= (y + 2x, 4y + x) \cdot \left(\frac{1}{2}\sqrt{2},\; \frac{1}{2}\sqrt{6}\right) =$$

$$= \frac{1}{2}\sqrt{2}\, y + x\sqrt{2} + 2y\sqrt{6} + \frac{1}{2}x\sqrt{6} =$$

$$= y\left(\frac{1}{2}\sqrt{2} + 2\sqrt{6}\right) + x\left(\sqrt{2} + \frac{1}{2}\sqrt{6}\right)$$

Zu 4.)

Für die Richtungsableitungen in den Punkten P_1 und P_2 ergibt sich

$$P_1(2/2): \quad \frac{\partial}{\partial \vec{b}} f(2,2) \;=\; 2\left(\frac{1}{2}\sqrt{2} + 2\sqrt{6}\right) + 2\left(\sqrt{2} + \frac{1}{2}\sqrt{6}\right) =$$

$$= 3\sqrt{2} + 6\sqrt{6} =$$

$$= 18,93$$

$$P_1(1/1): \quad \frac{\partial}{\partial \vec{b}} f(1,1) \;=\; \frac{1}{2}\sqrt{2} + 2\sqrt{6} + \sqrt{2} + \frac{1}{2}\sqrt{6} =$$

$$= \frac{3}{2}\left(\sqrt{2} + \sqrt{6}\right) =$$

$$= 5,79$$

Aufgabe 2.20

Betrachtet werde eine Funktion

$$f : \mathbb{R}^2 \to \mathbb{R}$$

$$f : (x,y) \mapsto f(x,y) = x^2 + y^2$$

mit der Nebenbedingung

$$(x-1)^2 + y^2 = 1$$

Es sind die Extrema zu bestimmen, was geometrisch die folgende Bedeutung hat:
Es ist das Quadrat des kleinsten und größten Abstandes aller derjenigen Punkte auf
der Fläche z=f(x,y) von der xy-Ebene zu finden, welche über der Kreislinie

$$K : (x-1)^2 + y^2 = 1$$

liegen. Ohne Rechnung ist zu entscheiden, welche Punkte Maxima und Minima sind.

Lösung 2.20

Die erweiterte Zielfunktion ergibt sich zu

$$F(x,y,\lambda) = x^2 + y^2 + \lambda\left[(x-1)^2 + y^2 - 1\right]$$

Diese wird nach ihren Variablen partiell abgeleitet, d.h.

$$\frac{\partial}{\partial x}F(x,y,\lambda) = 2x + 2\lambda(x-1) = 0$$

$$\frac{\partial}{\partial y}F(x,y,\lambda) = 2y + 2\lambda y = 0$$

$$\frac{\partial}{\partial \lambda}F(x,y,\lambda) = (x-1)^2 + y^2 - 1 = 0$$

Hieraus ergibt sich

$$x = y = \lambda = 0$$

und

$$x = 2 \quad y = 0 \quad \lambda = -2$$

Aus geometrischen Überlegungen ergibt sich:
Der Punkt $P_1(0/0)$ liefert mit $f(0/0) = 0$ ein Minimum und der Punkt $P_2(2/0))$ mit $f(2/0) = 4$ ein Maximum.

Aufgabe 2.21

Betrachtet werde eine Funktion $f : \mathbb{R}^2 \to \mathbb{R}$ mit

$$f : (x, y) \mapsto f(x, y) = x^2 + y^2$$

1. Unter der Nebenbedingung

$$\varphi(x, y) = 3x + 2y - 6 = 0$$

   sind die möglichen Extremwerte der Funktion f zu bestimmen.

2. Betrachtet werde der Punkt $P(2/2) \in \mathbb{R}^2$, welcher für einen Punkt $P' \in \mathbb{R}^3$ Fußpunkt ist. Der Punkt P' gehört zur Fläche f. Im Flächenpunkt P' ist die Tangentialebene E an die Fläche f zu bestimmen.

3. Die in Normalenform gewonnene Tangentialebene E ist in die Parameterform zu überführen.

4. Ein Normalenvektor der Tangentialebene ist direkt aus der Normalenform zu bestimmen.

5. Ein Normalenvektor der Tangentialebene ist direkt aus der Parameterform zu bestimmen.

Lösung 2.21

Zu 1.)

Für die erweiterte Zielfunktion ergibt sich

$$F(x,y) = x^2 + y^2 + \lambda(3x + 2y - 6)$$

Die partiellen Ableitungen ergeben sich zu

$$\frac{\partial}{\partial x}F(x,y) = 2x + 3\lambda$$

$$\frac{\partial}{\partial y}F(x,y = 2y + 2\lambda$$

Damit ergibt sich unter Einbezug der Nebenbedingung das folgende Gleichungssystem

$$(1) \quad 2x + 3\lambda = 0$$

$$(2) \quad 2y + 2\lambda = 0$$

$$(3) \quad 3x + 2y - 6 = 0$$

Aus (1) ergibt sich

$$x = -\frac{3}{2}\lambda$$

Eingesetzt in (3) und mit (2) eribt sich das Gleichungsyystem in den Variablen y und λ

$$(1) \quad 2y + 2\lambda = 0$$

$$(2) \quad 3\left(-\frac{3}{2}\lambda\right) + 2y - 6 = 0$$

$$(1) \quad 2y + 2\lambda = 0$$

$$(2) \quad -\frac{9}{2}\lambda + 2y - 6 = 0$$

Eine weitere Umformung ergibt

$$(1) \quad y + \lambda = 0$$

$$(2) \quad -9\lambda + 4y = 12$$

Aus (1) ergibt sich

$$y = -\lambda$$

und in Verbindung mit (2) ergibt sich

$$-9\lambda - 4\lambda = 12 \;\Rightarrow\; \lambda = -\frac{12}{13}$$

Damit ergibt sich weiter

$$x = -\frac{3}{2}\left(-\frac{12}{13}\right) = \frac{18}{13}$$

Der Punkt

$$E\left(\frac{18}{13}, -\frac{12}{13}\right)$$

stellt ein Extremum dar. Es gilt weiter

$$\frac{\partial^2}{\partial x \partial x}F(x,y) = 2 = \frac{\partial^2}{\partial y \partial y}F(x,y) > 0, \quad \frac{\partial^2}{\partial x \partial y}F(x,y) = 0$$

Damit ist nachgewiesen, dass ein Extremum existiert. Weiter gilt

$$\Delta = \frac{\partial^2}{\partial x \partial x}F(x,y) \cdot \frac{\partial^2}{\partial y \partial y}F(x,y) - \left[\frac{\partial^2}{\partial x \partial y}F(x,y)\right]^2 = 4 > 0$$

Daher handelt es sich um ein Minimum und es gilt

$$z_M = f\left(\frac{18}{13}, -\frac{12}{13}\right) = \ldots = 2,77$$

Zu 2.)

Für die Tangentialebene gilt

$$f_x(x_0, y_0)(x - x_0) + f_y(x_0, y_0)(y - y_0) + f(x_0, y_0) = z$$

Die einzelnen partiellen Ableitungen ergeben sich zu

$$f_x(x,y) = 2x \quad f_x(2,2) = 4$$
$$f_y(x,y) = 2y \quad f_y(2,2) = 4$$
$$f(2,2) = 4 + 4 = 8$$

Eingesetzt in die Gleichung für die Tangentialebene ergibt sich

$$4(x - 2) + 4(y - 2) + 8 = z \;\Rightarrow\; 4x - 8 + 4y - 8 + 8 = z \;\Rightarrow\; 4x + 4y - 8 = z$$

und damit die Ebenengleichung

$$E \; : \; z = 4x + 4y - 8$$

Zu 3.)

Um die Normalenform einer Ebenengleichung in die Parameterform zu überführen, werden zwei der drei Variablen mit einem Parameter gleichgesetzt:

$$\left. \begin{array}{rcl} z &=& 4x{+}4y{-}8 \\ x &=& \alpha \\ y &=& \mu \end{array} \right\} \Rightarrow z = 4\alpha + 4 - 8$$

Damit ergibt sich

$$\begin{array}{rcl} x &=& \alpha \\ y &=& \mu \\ z &=& 4\alpha + 4\mu - 8 \end{array}$$

und damit die Parameterform

$$\begin{pmatrix} x \\ y \\ z \end{pmatrix} = \begin{pmatrix} 0 \\ 0 \\ -8 \end{pmatrix} + \alpha \begin{pmatrix} 1 \\ 0 \\ 4 \end{pmatrix} + \mu \begin{pmatrix} 0 \\ 1 \\ 4 \end{pmatrix}$$

Zu 4.)

Aus der Ebenengleichung in Normalform

$$E \ : \ z = 4x + 4y - 8$$

ergibt sich

$$4x + 4y - z = 8$$

und daraus kann der Normalenvektor zu

$$\vec{n} = \begin{pmatrix} -4 \\ -4 \\ +1 \end{pmatrix}$$

abgelesen werden.

Zu 5.)

Für den Normalenvektor aus der Parameterform ergibt sich

$$\begin{array}{ccc|cc} \vec{e}_1 & \vec{e}_2 & \vec{e}_3 & \vec{e}_1 & \vec{e}_2 \\ 1 & 0 & 4 & 1 & 0 \\ 0 & 1 & 4 & 0 & 1 \end{array} = \vec{e}_3 - 4\vec{e}_1 - 4\vec{e}_2 = -4\vec{e}_1 - 4\vec{e}_2 + \vec{e}_3 = (-4/-4/+1)$$

Aufgabe 2.22

Betrachtet werden die beiden folgenden Funktionen

$$F(x,y,z,v) = x^2 + y + 3zv = 0$$

$$H(x,y,z,v) = y^2 - xy + x^2 + z + v^2 = 0$$

wobei $z(x,y)$ und $v(x,y)$ gilt.

Zu bestimmen sind

$$\frac{\partial}{\partial x}z(x,y) \qquad \frac{\partial}{\partial x}v(x,y)$$

$$\frac{\partial}{\partial y}z(x,y) \qquad \frac{\partial}{\partial y}v(x,y)$$

Lösung 2.22

Zunächst werden beide Funktionen nach der Variablen x partiell abgeleitet

$$\frac{\partial}{\partial x}F(x,y,z,v) \;=\; \frac{\partial}{\partial x}(x^2 + y + 3zv) = 2x + 3z\frac{\partial v}{\partial x} + 3v\frac{\partial z}{\partial x} = 0 \quad (1)$$

$$\frac{\partial}{\partial x}H(x,y,z,v) \;=\; \frac{\partial}{\partial x}(y^2 - xy + x^2 + z + v^2) = -y + 2x + \frac{\partial z}{\partial x} + 2v\frac{\partial v}{\partial x} = 0 \quad (2)$$

Aus (1) ergibt sich

$$3z\frac{\partial v}{\partial x} \;=\; -2x - 3v\frac{\partial z}{\partial x}$$

$$\frac{\partial v}{\partial x} \;=\; \frac{-2x - 3v\frac{\partial z}{\partial x}}{3z}$$

Aus (2) ergibt sich

$$2v\frac{\partial v}{\partial x} \;=\; y - 2x - \frac{\partial z}{\partial x}$$

$$\frac{\partial v}{\partial x} \;=\; \frac{y - 2x - 3v\frac{\partial z}{\partial x}}{2v}$$

Gleichsetzen liefert

$$\frac{-2x - 3v\frac{\partial z}{\partial x}}{3z} = \frac{y - 2x - 3v\frac{\partial z}{\partial x}}{2v}$$

Damit ergibt sich

$$2v\left(-2x - 3v\frac{\partial z}{\partial x}\right) \;=\; 3z\left(y - 2x - \frac{\partial z}{\partial x}\right)$$

$$4vx - 6v^2\frac{\partial z}{\partial x} \;=\; 3zy - 6zx - 3z\frac{\partial z}{\partial x}$$

$$-6v^2\frac{\partial z}{\partial x} + 3z\frac{\partial z}{\partial x} \;=\; 3zy - 6zx - 4vx$$

$$\frac{\partial z}{\partial x}\left(3z - 6v^2\right) \;=\; 3zy - 6zy - 4vx$$

Hieraus resultiert

$$\frac{\partial z}{\partial x} = \frac{3zy - 6zv - 4vx}{3z - 6v^2}$$

136

Es gilt weiter

$$\frac{\partial v}{\partial x} = \frac{1}{2v}\left(y - 2x - \frac{\partial z}{\partial x}\right) =$$

$$= \frac{1}{2v}\left(y - 2x - \frac{3zy - 6zv - 4vx}{3z - 6v^2}\right) =$$

$$= \frac{y}{2v} - \frac{x}{v} - \frac{3zy - 6zv - 4vx}{2v(3z - 6v^2)} =$$

$$= \frac{y(3z - 6v^2) - 2x(3z - 6v^2) - 3zy + 6zv + 4vx}{2v(3z - 6v^2)} =$$

$$= \frac{3zy - 6v^2 y - 6zx + 12v^2 x - 3zy + 6zv + 4vx}{2v(3z - 6v^2)} =$$

$$= \frac{-6v^2 y - 6zx + 12v^2 x + 6zv + 4vx}{2v(3z - 6v^2)} =$$

$$= \frac{-3v^2 y - 3zx + 6v^2 x + 3zv + 2vx}{v(3z - 6v^2)}$$

Beide Funktionen werden nach der Variablen y partiell abgeleitet

$$\frac{\partial}{\partial y}F(x,y,z,v) = \frac{\partial}{\partial y}(x^2 + y + 3zv) = 1 + 3z\frac{\partial v}{\partial y} + 3v\frac{\partial z}{\partial y} = 0 \quad (1)$$

$$\frac{\partial}{\partial y}H(x,y,z,v) = \frac{\partial}{\partial y}(y^2 - xy + x^2 + z + v^2) = 2y - x + \frac{\partial z}{\partial y} + 2v\frac{\partial v}{\partial y} = 0 \quad (2)$$

Aus (1) ergibt sich

$$3v\frac{\partial z}{\partial y} = -1 - 3z\frac{\partial v}{\partial y}$$

$$\frac{\partial z}{\partial y} = \frac{-1 - 3z\frac{v}{\partial y}}{3v}$$

Aus (2) ergibt sich

$$\frac{\partial z}{\partial y} = -2y + x - 2v\frac{\partial v}{\partial y}$$

$$= -2y + x - 2v\frac{\partial v}{\partial y}$$

Gleichsetzen liefert

$$\frac{-1 - 3z\frac{v}{\partial y}}{3v} = -2y + x - 2v\frac{\partial v}{\partial y}$$

$$-1 - 3z\frac{\partial v}{\partial y} = 3v\left(-2y + x - 2v\frac{\partial v}{\partial y}\right) = -6vy + 3vx - 6v^2\frac{\partial v}{\partial y}$$

$$1 + 6vy + 3vx = 6v^2\frac{\partial v}{\partial y} - 3z\frac{\partial v}{\partial y} = \frac{\partial v}{\partial y}\left(6v^2 - 3z\right)$$

Hieraus ergibt sich

$$\frac{\partial v}{\partial y} = \frac{1 + 6vy + 3vx}{6v^2 - 3z}$$

woraus folgt

$$\frac{\partial z}{\partial y} = -2y + x - 2v\frac{\partial v}{\partial y} \quad \text{und} \quad \frac{\partial v}{\partial y} = \frac{1 + 6vy + 3vx}{6v^2 - 3z}$$

und damit

$$\frac{\partial z}{\partial y} = -2y + x - 2v\frac{1 + 6vy + 3vx}{6v^2 - 3z} =$$

$$= -2y + x - \frac{2v(1 + 6vy + 3vx)}{6v^2 - 3z} =$$

$$= -2y + x - \frac{2v + 12v^2 y + 6v^2 x}{6v^2 - 3z}$$

Aufgabe 2.23

Betrachtet werde eine Funktion

$$f : G \to \mathbb{R}$$

$$f : (x,y) \mapsto f(x,y) = x^2 arctan\left(\frac{y}{x}\right) - y^2 arctan\left(\frac{x}{y}\right)$$

1. Das Gebiet G ist zu bestimmen.

2. Im $\mathbb{R}^2$ werde der allgemeine Einheitsvektor $\vec{b}$ betrachtet, welcher mit der positiven Ordinate den Winkel

$$\beta = \frac{\pi}{6}$$

bildet. Der Einheitsvektor $\vec{b}$ ist anzugeben.

3. Die beiden partiellen Ableitungen

$$\frac{\partial}{\partial x}f(x,y) \qquad \frac{\partial}{\partial y}f(x,y)$$

sind zu bestimmen.

4. Die Richtungsableitung

$$\frac{\partial}{\partial \vec{b}}\, f(1,1)$$

ist anzugeben.

Lösung 2.23

Zu 1.)

Für das Gebiet ergibt sich

$$G = \mathbb{R}^2 \setminus (0,0)$$

Zu 2.)

Betrachtet werde zunächst die folgende Abbildung

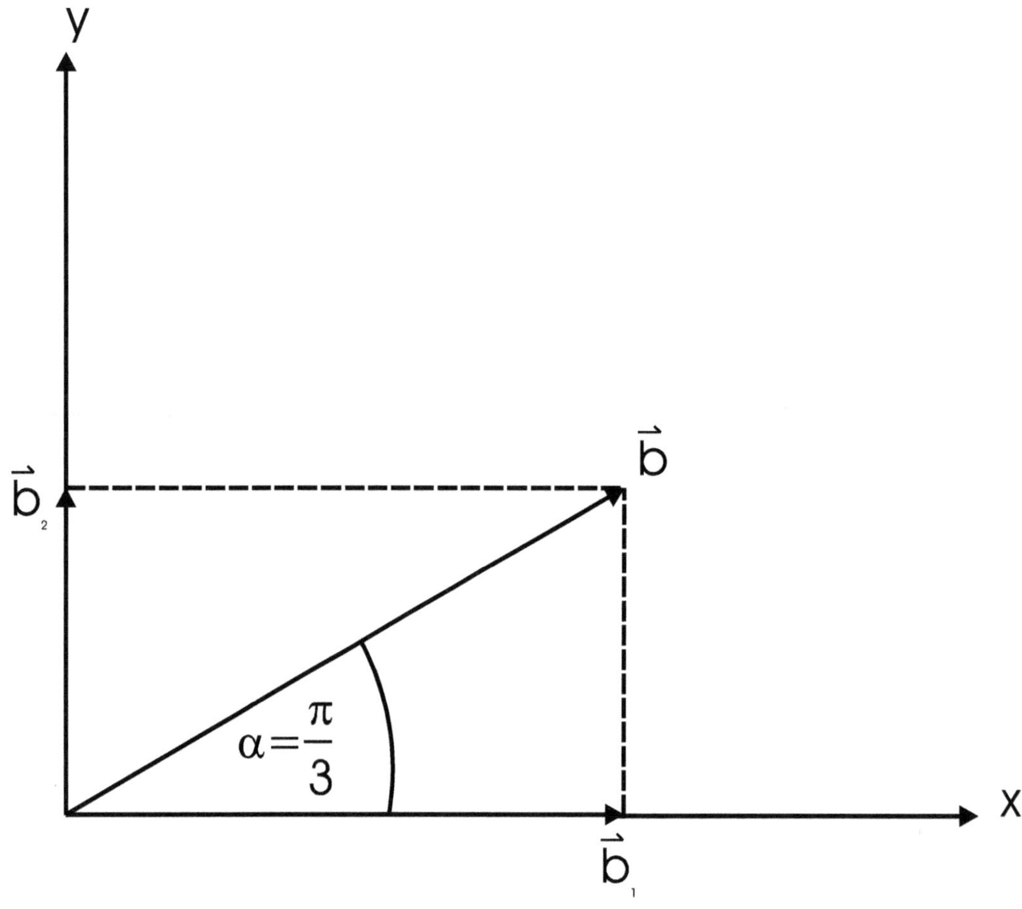

Abbildung 2.2: Bestimmung des Einheitsvektors

Danach ergibt sich zunächst für die Winkel

$$\beta = \frac{\pi}{6} \;\Rightarrow\; \alpha = \frac{\pi}{2} - \frac{\pi}{6} = \frac{\pi}{3}$$

Damit ergibt sich für die Komponenten

$$b_1 = cos(\alpha) = cos\left(\frac{\pi}{3}\right) \qquad b_2 = sin(\alpha) = sin\left(\frac{\pi}{3}\right)$$

Und damit

$$\alpha = \frac{\pi}{3} \;:\; \vec{b} = \left(cos\left(\frac{\pi}{3}\right),\, sin\left(\frac{\pi}{3}\right)\right) = \left(\frac{1}{2}, \frac{1}{2}\sqrt{3}\right)$$

Zu 3.)

Für die partielle Ableitung nach x ergibt sich

$$\frac{\partial}{\partial x} f(x,y) \;=\; 2x\,arctan\left(\frac{y}{x}\right) + x^2 \cdot \frac{1}{1 + \frac{y^2}{x^2}} \cdot \frac{-y}{x^2} - y^2 \cdot \frac{1}{1 + \frac{x^2}{y^2}} \cdot \frac{1}{y} =$$

$$=\; 2x\,arctan\left(\frac{y}{x}\right) - y$$

Für die partielle Ableitung nach y ergibt sich

$$\frac{\partial}{\partial y} f(x,y) \;=\; 2y\,arctan\left(\frac{x}{y}\right) + x$$

Zu 4.)

Für die Richtungsableitung nach dem Vektor $\vec{b}$ gilt

$$\frac{\partial}{\partial \vec{b}} f(x,y) = \left(\frac{\partial}{\partial x} f(x,y),\ \frac{\partial}{\partial y} f(x,y) \right) \cdot \vec{b} =$$

$$= \left(2x\,arctan\left(\frac{y}{x}\right) - y,\ -2y\,arctan\left(\frac{x}{y}\right) + x \right) \cdot \left(\frac{1}{2},\ \frac{1}{2}\sqrt{3} \right) =$$

$$= x\,arctan\left(\frac{y}{x}\right) - \frac{y}{2} + \left(-\sqrt{3}y\,arctan\left(\frac{x}{y}\right) + \frac{x}{2}\sqrt{3} \right) =$$

$$= x\,arctan\left(\frac{y}{x}\right) - \frac{y}{2} - \sqrt{3}y\,arctan\left(\frac{x}{y}\right) + \frac{x}{2}\sqrt{3}$$

Und damit ergibt sich

$$\frac{\partial}{\partial \vec{b}} f(1,1) = 1 \cdot arctan(1) - \frac{1}{2} - \sqrt{3} \cdot 1 \cdot arctan(1) + \frac{1}{2}\sqrt{3} =$$

$$= \frac{\pi}{4} - \frac{1}{2} - \frac{\pi}{4}\sqrt{3} + \frac{1}{2}\sqrt{3} =$$

$$= \frac{1}{4}\left(1 - \sqrt{3}\right)(\pi - 2) =$$

$$= -0,208$$

Aufgabe 2.24

Betrachtet werde die Funktion

$$f : \mathbb{R}^2 \to \mathbb{R}$$

$$f : (x, y) \mapsto f(x, y) = cos(xy)$$

Die Taylor-Entwicklung um den Punkt

$$P\left(1, \frac{\pi}{2}\right)$$

ist zu bestimmen.

Hinweis: Die Ausdrücke vom Grad 3 und höher sind nicht zu berücksichtigen.

Lösung 2.24

Es gilt zunächst

$$f\left(1, \frac{\pi}{2}\right) = cos\left(\frac{\pi}{2}\right) = 0$$

Für die partiellen Ableitungen ergibt sich

$$\frac{\partial}{\partial x} f(x,y) = -ysin(xy)$$

$$\frac{\partial}{\partial y} f(x,y) = -xsin(xy)$$

$$\frac{\partial^2}{\partial x \partial x} f(x,y) = -y^2 cos(xy)$$

$$\frac{\partial^2}{\partial y \partial y} f(x,y) = -x^2 cos(xy)$$

$$\frac{\partial}{\partial x \partial y} f(x,y) = (-1)sin(xy) - yxcos(xy) = -sin(xy) - xycos(xy)$$

Damit ergibt sich für den Entwicklungspunkt

$$f\left(1, \frac{\pi}{2}\right) = 0$$

$$\frac{\partial}{\partial x} f\left(1, \frac{\pi}{2}\right) = -\frac{\pi}{2}sin\left(\frac{\pi}{2}\right) = -\frac{\pi}{2}$$

$$\frac{\partial}{\partial y}\left(1, \frac{\pi}{2}\right) = (-1)sin\left(\frac{\pi}{2}\right) = -1$$

$$\frac{\partial^2}{\partial x \partial x}\left(1, \frac{\pi}{2}\right) = -\frac{\pi^2}{4}cos\left(\frac{\pi}{2}\right) = 0$$

$$\frac{\partial^2}{\partial y \partial y}\left(1, \frac{\pi}{2}\right) = (-1)cos\left(\frac{\pi}{2}\right) = 0$$

$$\frac{\partial}{\partial x \partial y}\left(1, \frac{\pi}{2}\right) = -1 - \frac{\pi}{2}cos\left(\frac{\pi}{2}\right) = -1$$

Es ergibt sich allgemein für die Taylorentwicklung

$$f(x,y) \;=\; f(a,b) + \left[(x-a)\frac{\partial}{\partial x}f(a,b) + (y-b)\frac{\partial}{\partial y}f(a,b)\right] +$$

$$\frac{1}{2!}\left[(x-a)^2\frac{\partial^2}{\partial x\partial x}f(a,b) + 2(x-a)(y-b)\frac{\partial^2}{\partial x\partial y}f(a,b) + (y-b)^2\frac{\partial^2}{\partial y\partial y}f(a,b)\right] + \ldots$$

Damit gilt dann konkret

$$cos(xy) \;=\; 0 + \left[(x-1)\left(-\frac{\pi}{2}\right) + \left(y-\frac{\pi}{2}\right)(-1)\right] +$$

$$+\frac{1}{2!}\left[(x-1)^2\cdot 0 + 2(x-1)\left(y-\frac{\pi}{2}\right)(-1) + \left(y-\frac{\pi}{2}\right)^2\cdot 0\right] =$$

$$= \left[-(x-1)\frac{\pi}{2} - \left(y-\frac{\pi}{2}\right)\right] + \frac{1}{2!}\left[-2(x-1)\left(y-\frac{\pi}{2}\right)\right] + \ldots$$

$$= -\frac{\pi}{2}x + \frac{\pi}{2} - y + \frac{\pi}{2} + \frac{1}{2}(-2)\left[xy - y - x\frac{\pi}{2} + \frac{\pi}{2}\right] + \ldots =$$

$$= -\frac{\pi}{2}x + \pi - y - \left(xy - y - x\frac{\pi}{2} + \frac{\pi}{2}\right) + \ldots =$$

$$= -\frac{\pi}{2}x + \pi - y - xy + y + x\frac{\pi}{2} - \frac{\pi}{2} + \ldots =$$

$$= \frac{\pi}{2} - xy + \ldots$$

Aufgabe 2.25

Betrachtet werde die Abbildung

$$P : \mathbb{R}^2 \to \mathbb{R}$$

$$P : (x,y) \mapsto P(x,y) = 2x^2 - 3xy + y^2$$

Es ist

$$\frac{\partial P(r,\varphi)}{\partial r} \quad \text{und} \quad \frac{\partial P(r,\varphi)}{\partial \varphi}$$

zu bestimmen.

Lösung 2.25

Für die in kartesischen Koordinaten angegebene Funktion

$$P : (x, y) \mapsto P(x, y) = 2x^2 - 3xy + y^2$$

werden die Polarkoordinaten

$$x = r\ cos(\varphi) \qquad y = r\ sin(\varphi)$$

eingeführt, wodurch die Funktion übergeht in

$$P(r, \varphi) = 2\left[rcos(\varphi)\right]^2 - 3\left[rcos(\varphi)\right]\left[rsin(\varphi)\right] + \left[rsin(\varphi)\right]^2 =$$
$$= 2r^2cos^2(\varphi) - 3r^2cos(\varphi)sin(\varphi) + r^2sin^2(\varphi)$$

Damit ergibt sich für die partielle Ableitung nach r

$$\frac{\partial P(r, \varphi)}{\partial r} = 4rcos^2(\varphi) - 6rcos(\varphi)sin(\varphi) + 2rsin^2(\varphi)$$

Für die partielle Ableitung nach φ ergibt sich

$$\frac{\partial P(r, \varphi)}{\partial \varphi} = -2r^2 2cos(\varphi)sin(\varphi) - 3r^2\left[-sin^2(\varphi) + cos^2(\varphi)\right] + r^2 2sin(\varphi)cos(\varphi) =$$
$$= -4r^2cos(\varphi)sin(\varphi) + 6r^2sin^2(\varphi) - 3r^2cos^2(\varphi) + 2r^2sin(\varphi)cos(\varphi) =$$
$$= -2r^2sin(\varphi)cos(\varphi) + 3r^2\left[sin^2(\varphi) - cos^2(\varphi)\right]$$

Aufgabe 2.26

Betrachtet werde die Funktion

$$f : \mathbb{R}^3 \to \mathbb{R}$$

$$f : (x,y,z) \mapsto f(x,y,z) = sin^2(x) + z \cdot e^y \cdot \sqrt{x} + 23$$

1. Die partiellen Ableitungen

$$\frac{\partial}{\partial x} f(x,y,z) \qquad \frac{\partial}{\partial y} f(x,y,z) \qquad \frac{\partial}{\partial z} f(x,y,z)$$

sind zu bestimmen.

2. Zu bestimmen ist

$$\frac{\partial}{\partial x} f(1,1,5) \qquad \frac{\partial}{\partial y} f(1,1,5) \qquad \frac{\partial}{\partial z} f(1,1,5)$$

mit der Genauigkeit von 3 Nachkommastellen.

Lösung 2.26

Zu 1.)

Für die partiellen Ableitungen ergibt sich

$$\frac{\partial}{\partial x}\left(sin^2(x) + ze^y\sqrt{x} + 23\right) = 2sin(x)cos(x) + ze^y\frac{1}{2\sqrt{x}}$$

$$\frac{\partial}{\partial y}\left(sin^2(x) + ze^y\sqrt{x} + 23\right) = ze^y\sqrt{x}$$

$$\frac{\partial}{\partial z}\left(sin^2(x) + ze^y\sqrt{x} + 23\right) = e^y\sqrt{x}$$

Zu 2.)

Für die partiellen Ableitungen an der Stelle $(1,1,5)$ ergibt sich

$$\frac{\partial}{\partial x}f(1,1,5) = 2sin(1)cos(1) + 5e^1\frac{1}{2} = 7,705$$

$$\frac{\partial}{\partial y}f(1,1,5) = 5e^1 = 13,591$$

$$\frac{\partial}{\partial z}f(1,1,5) = e^1 = 2,718$$

Aufgabe 2.27

Die Richtungsableitung von

$$f : (x,y) \mapsto f(x,y) = z$$

in Richtung φ ist gegeben durch

$$\frac{dz}{ds} = \frac{\partial}{\partial x}z \cdot cos(\varphi) + \frac{\partial}{\partial y}z \cdot sin(\varphi)$$

1. Die Temperatur T einer gleichmäßig beheizten kreisförmigen Platte ist in jedem Punkt $(x,y) \in \mathbb{R}^2$ gegeben durch die Funktion

$$T : \mathbb{R}^2 \to \mathbb{R} \quad \text{mit} \quad T : (x,y) \mapsto T(x,y) = \frac{64}{x^2 + y^2 + 2}$$

   wobei der Nullpunkt (0,0) im Plattenmittelpunkt liegt. Die Änderung von T im Punkt (1,2) für die Richtung $\varphi = \frac{\pi}{3}$ ist zu bestimmen.

2. Das elektrische Potential V sei in einem Punkt (x,y) durch

$$V(x,y) = ln\sqrt{x^2 + y^2}$$

   gegeben.

   Die Änderung von V im Punkt (3,4) in der Richtung gegen den Punkt (2,6) ist zu bestimmen.

Lösung 2.27

Zu 1.)

Es gilt

$$\frac{dT}{ds} = -\frac{64 \cdot 2x}{(x^2 + y^2 + 2)^2} cos(\varphi) - \frac{64 \cdot 2y}{(x^2 + y^2 + 2)^2} sin(\varphi)$$

Für

$$\varphi = \frac{\pi}{3}$$

gilt weiter

$$\frac{dT}{ds} = -\frac{128}{49} \cdot \frac{1}{2} - \frac{256}{49} \cdot \frac{\sqrt{3}}{2} = -\frac{64}{49}\left(1 + 2\sqrt{3}\right) = -5,85$$

Zu 2.)

Es gilt

$$\frac{dV}{ds} \;=\; \frac{x}{x^2+y^2}cos(\varphi) + \frac{y}{x^2+y^2}sin(\varphi)$$

Aus der Zeichnung ergibt sich

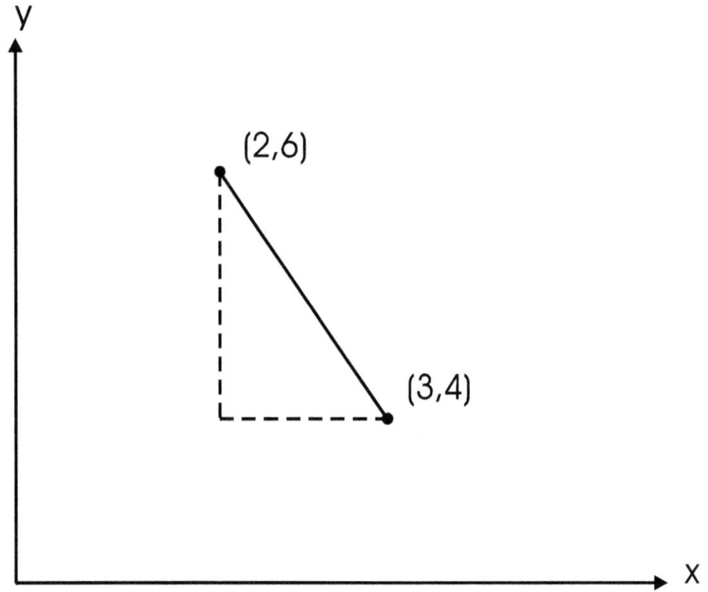

Abbildung 2.3: Änderung von V

$$tan(\varphi) \;=\; \frac{6-4}{2-3} = -2 \;\Rightarrow\; \varphi = 63,43^0$$

$$cos(\varphi) \;=\; -\frac{1}{\sqrt{5}} = -0,4472 \quad sin(\varphi) = \frac{2}{\sqrt{5}} = 0,8944$$

Damit ergibt sich

$$\frac{dV}{ds} \;=\; \frac{3}{25}\left(-\frac{1}{\sqrt{5}}\right) + \frac{4}{25}\left(\frac{2}{\sqrt{5}}\right) = \frac{\sqrt{5}}{25} = 0,08944$$

Aufgabe 2.28

Die Gültigkeit der folgenden Gleichungen ist zu zeigen

1.

$$x\frac{\partial z}{\partial x} + y\frac{\partial z}{\partial y} = z \quad \text{für} \quad z = \sqrt{x^2 + y^2}$$

2.

$$x\frac{\partial z}{\partial x} + y\frac{\partial z}{\partial y} = 1 \quad \text{für} \quad z = ln\sqrt{x^2 + y^2}$$

3.

$$x\frac{\partial z}{\partial x} + y\frac{\partial z}{\partial y} = 0 \quad \text{für} \quad z = e^{\frac{x}{y}} sin\left(\frac{x}{y}\right) + e^{\frac{y}{x}} cos\left(\frac{y}{x}\right)$$

4.

$$b\frac{\partial z}{\partial x} = a\frac{\partial z}{\partial y} \quad \text{für} \quad z = (ax + by)^2 + e^{ax+by} + sin(ax + by)$$

Lösung 2.28

Zu 1.)

Es gilt

$$\frac{\partial}{\partial x}\sqrt{x^2 + y^2} = \frac{1}{2\sqrt{x^2 + y^2}} \cdot 2x = \frac{x}{\sqrt{x^2 + y^2}}$$

$$\frac{\partial}{\partial y}\sqrt{x^2 + y^2} = \frac{1}{2\sqrt{x^2 + y^2}} \cdot 2y = \frac{y}{\sqrt{x^2 + y^2}}$$

Damit ergibt sich

$$x\frac{\partial z}{\partial x} + y\frac{\partial z}{\partial y} = x \cdot \frac{x}{\sqrt{x^2 + y^2}} + y \cdot \frac{y}{\sqrt{x^2 + y^2}} =$$

$$= \frac{x^2 + y^2}{\sqrt{x^2 + y^2}} =$$

$$= \frac{x^2 + y^2}{\sqrt{x^2 + y^2}} \cdot \frac{\sqrt{x^2 + y^2}}{\sqrt{x^2 + y^2}} =$$

$$= \frac{(x^2 + y^2)\sqrt{x^2 + y^2}}{x^2 + y^2} =$$

$$= \sqrt{x^2 + y^2} =$$

$$= z$$

Zu 2.)

Für die partiellen Ableitungen gilt

$$\frac{\partial}{\partial x}ln\sqrt{x^2 + y^2} = \frac{1}{\sqrt{x^2 + y^2}} \cdot \frac{2}{2\sqrt{x^2 + y^2}} = \frac{2x}{x^2 + y^2}$$

$$\frac{\partial}{\partial y}ln\sqrt{x^2 + y^2} = \frac{1}{\sqrt{x^2 + y^2}} \cdot \frac{2y}{2\sqrt{x^2 + y^2}} = \frac{y}{x^2 + y^2}$$

Damit ergibt sich für die partielle Differentialgleichung

$$\frac{x^2}{x^2 + y^2} + \frac{y^2}{x^2 + y^2} = \frac{x^2 + y^2}{x^2 + y^2} = 1$$

Zu 3.)

Für die partielle Ableitung nach x ergibt sich

$$\frac{\partial}{\partial x}\left(e^{\frac{x}{y}}\sin\left(\frac{x}{y}\right) + e^{\frac{y}{x}}\cos\left(\frac{y}{x}\right)\right) =$$

$$= \frac{1}{y}e^{\frac{x}{y}}\sin\left(\frac{x}{y}\right) + e^{\frac{x}{y}}\cos\left(\frac{x}{y}\right)\cdot\frac{1}{y} + e^{\frac{x}{y}}\cdot\left(\frac{1}{x^2}\right)\cdot y\cdot\cos\left(\frac{y}{x}\right) + e^{\frac{y}{x}}\left(-\sin\left(\frac{x}{y}\right)\right)\left(-\frac{1}{x^2}\right)y =$$

$$= \frac{1}{y}e^{\frac{x}{y}}\left(\sin\left(\frac{x}{y}\right) + \cos\left(\frac{x}{y}\right)\right) + \frac{y}{x^2}e^{\frac{x}{y}}\left(-\cos\left(\frac{y}{x}\right) + \sin\left(\frac{y}{x}\right)\right)$$

Für die partielle Ableitung nach y ergibt sich

$$\frac{\partial}{\partial x}\left(e^{\frac{x}{y}}\sin\left(\frac{x}{y}\right) + e^{\frac{y}{x}}\cos\left(\frac{y}{x}\right)\right) =$$

$$= -\frac{1}{y^2}x e^{\frac{x}{y}}\sin\left(\frac{x}{y}\right) + e^{\frac{x}{y}}\cos\left(\frac{x}{y}\right)\cdot\left(-\frac{1}{y^2}\right)\cdot x + \frac{1}{x}e^{\frac{y}{x}}\cos\left(\frac{y}{x}\right) + e^{\frac{y}{x}}\left(-\sin\left(\frac{y}{x}\right)\right)\cdot\frac{1}{x} =$$

$$= \frac{x}{y^2}e^{\frac{x}{y}}\left(-\sin\left(\frac{x}{y}\right)\right) + \frac{1}{x}e^{\frac{x}{y}}\left(\cos\left(\frac{y}{x}\right) - \sin\left(\frac{y}{x}\right)\right)$$

Damit ergibt sich der Nachweis, indem in die gewonnenen partiellen Ableitungen eingesetzt wird

$$x\cdot\frac{\partial z}{\partial x} + y\cdot\frac{\partial z}{\partial y} =$$

$$x\cdot\frac{1}{y}e^{\frac{x}{y}}\left(\sin\left(\frac{x}{y}\right) + \cos\left(\frac{x}{y}\right)\right) + \frac{y}{x^2}e^{\frac{x}{y}}\left(-\cos\left(\frac{y}{x}\right) + \sin\left(\frac{y}{x}\right)\right) +$$

$$+y\cdot\frac{x}{y^2}e^{\frac{x}{y}}\left(-\sin\left(\frac{x}{y}\right)\right) + \frac{1}{x}e^{\frac{x}{y}}\left(\cos\left(\frac{y}{x}\right) - \sin\left(\frac{y}{x}\right)\right) = 0$$

Zu 4.)

Für die partielle Ableitung nach x ergibt sich

$$\frac{\partial}{\partial x}\left[(ax+by)^2 + e^{ax+by} + \sin(ax+by)\right] = 2(ax+by)a + ae^{ax+by} + a\cos(ax+by)$$

$$\frac{\partial}{\partial y}\left[(ax+by)^2 + e^{ax+by} + \sin(ax+by)\right] = 2(ax+by)b + be^{ax+by} + b\cos(ax+by)$$

Damit gilt weiter

$$b\cdot\frac{\partial z}{\partial x} = 2(ax+by)a + ae^{ax+by} + a\cos(ax+by)$$

$$a\cdot\frac{\partial z}{\partial y} = 2(ax+by)b + be^{ax+by} + b\cos(ax+by)$$

Die Addition beider Teile verifiziert die Behauptung.

Aufgabe 2.29

Betrachtet werde eine Funktion

$$f : \mathbb{R}^2 \to \mathbb{R}$$

$$f : (x, y) \mapsto f(x, y) = x^2 + y^2 - 4x - 6y + 7$$

Die Extremstellen sind zu bestimmen und es ist anzugeben, ob es sich um Minima oder Maxima handelt.

Lösung 2.29

Für die partiellen Ableitungen ergibt sich

$$\frac{\partial}{\partial x} f(x,y) \;=\; 2x - 4 = 0$$

$$\frac{\partial}{\partial y} f(x,y) \;=\; 2y - 6 = 0$$

Damit gilt

$$2x = 4 \;\Rightarrow\; x = 2 \qquad 2y = 6 \;\Rightarrow\; y = 3$$

Weiter ergibt sich

$$\frac{\partial^2}{\partial x \partial x} f(x,y) = 2 > 0 \qquad \frac{\partial^2}{\partial y \partial y} f(x,y) = 2 > 0 \qquad \frac{\partial^2}{\partial x \partial y} f(x,y) = 0$$

Weiter gilt

$$\frac{\partial^2}{\partial x \partial x} f(x,y) \cdot \frac{\partial^2}{\partial y \partial y} f(x,y) - \left[\frac{\partial^2}{\partial x \partial y} f(x,y) \right]^2 = 2 \cdot 2 - 0 = 4 > 0$$

Hieraus folgt, dass ein Extremum existiert. Weiter gilt, wie bereits ermittelt, dass

$$\frac{\partial^2}{\partial x \partial x} f(x,y) = 2 > 0 \qquad \frac{\partial^2}{\partial y \partial y} f(x,y) = 2 > 0$$

gilt, d.h. es liegt ein Minimum vor, welches sich zu

$$MIN(2, 3, -6)$$

ergibt.

Aufgabe 2.30

Betrachtet werden die beiden Funktionen

$$f : \mathbb{R}^2 \to \mathbb{R}$$

$$f : (x,y) \mapsto f(x,y) = ln\left[(x-a)^2 + (y-b)^2\right] \quad a,b \in \mathbb{R}$$

$$g : \mathbb{R}^3 \to \mathbb{R}$$

$$g : (x,y,z) \mapsto g(x,y,z) = \sqrt{x^2 + y^2 + z^2}$$

1. Eine auf der Menge $A \subseteq R^2$ definierte reellwertige Funktion f heißt *harmonisch*, wenn auf der Menge A gilt:

$$\frac{\partial^2}{\partial x^2}f(x,y) + \frac{\partial^2}{\partial y^2}f(x,y) = 0$$

Es ist zu zeigen, dass f auf $A = \mathbb{R}^2 \setminus (0,0)$ harmonisch ist.

2. Eine auf $B \subseteq \mathbb{R}^3$ definierte reellwertige Funktion g heißt *harmonisch*, wenn auf der Menge B gilt:

$$\frac{\partial^2}{\partial x^2}g(x,y,z) + \frac{\partial^2}{\partial y^2}g(x,y,z) + \frac{\partial^2}{\partial z^2}g(x,y,z) = 0$$

Es ist zu zeigen, dass g auf $\mathbb{R}^3$ nicht harmonisch ist.

Lösung 2.30

Zu 1.)

Für die ersten partiellen Ableitungen ergibt sich

$$\frac{\partial}{\partial x}f(x,y) \;=\; \frac{2(x-a)}{(x-a)^2+(y-b)^2}$$

$$\frac{\partial}{\partial y}f(x,y) \;=\; \frac{2(y-b)}{(x-a)^2+(y-b)^2}$$

Für die zweiten partiellen Ableitungen ergibt sich

$$\frac{\partial^2}{\partial x\partial x}f(x,y) \;=\; \frac{2\left[(y-b)^2-(x-a)\right]}{\left[(x-a)^2+(y-b)^2\right]^2}$$

$$\frac{\partial^2}{\partial y\partial y}f(x,y) \;=\; \frac{2\left[(x-a)^2+(y-b)^2\right]}{\left[(x-a)^2+(y-b)^2\right]^2}$$

Damit ergibt sich

$$\frac{\partial^2}{\partial x\partial x}f(x,y)+\frac{\partial^2}{\partial y\partial y}f(x,y) \;=\; \frac{2}{\left[(x-a)^2+(y-b)^2\right]^2}$$

$$\left\{(y-b)^2+(x-a)^2+\left[(x-a)^2-(y-b)^2\right]\right\}$$

$$=\; 0$$

Damit ist gezeigt, dass die Funktion $f(x,y)$ eine harmonische Funktion ist.

Zu 2.)

Für die ersten partiellen Ableitungen ergibt sich

$$\frac{\partial}{\partial x}g(x,y) \;=\; \frac{x}{\sqrt{x^2+y^2+z^2}}$$

$$\frac{\partial}{\partial y}g(x,y) \;=\; \frac{y}{\sqrt{x^2+y^2+z^2}}$$

$$\frac{\partial}{\partial z}g(x,y) \;=\; \frac{z}{\sqrt{x^2+y^2+z^2}}$$

Für die zweiten partiellen Ableitungen ergibt sich

$$\frac{\partial^2}{\partial x \partial x} g(x, y) \;=\; \frac{y^2 + z^2}{\sqrt{(x^2 + y^2 + z^2)^3}}$$

$$\frac{\partial^2}{\partial y \partial y} g(x, y) \;=\; \frac{x^2 + z^2}{\sqrt{(x^2 + y^2 + z^2)^3}}$$

$$\frac{\partial^2}{\partial z \partial z} g(x, y) \;=\; \frac{x^2 + y^2}{\sqrt{(x^2 + y^2 + z^2)^3}}$$

Eingesetzt ergibt sich

$$\frac{\partial^2}{\partial x \partial x} g(x, y) + \frac{\partial^2}{\partial y \partial y} g(x, y) + \frac{\partial^2}{\partial z \partial z} g(x, y) = \frac{2x^2 + 2y^2 + 2z^2}{\sqrt{(x^2 + y^2 + z^2)^3}} \neq 0$$

Damit ist gezeigt, dass die Funktion $g(x, y, z)$ nicht harmonisch ist.

Aufgabe 2.31

Betrachtet werde die Funktion

$$u : \mathbb{R}^2 \to \mathbb{R}^3$$

$$u : (x,y) \mapsto u(x,y) = xy(4 - x - y)$$

sowie das Gebiet $S \subset \mathbb{R}^2$ mit

$$S := \left\{ (x,y) \in \mathbb{R}^2 \mid x \geq 0,\ y \geq 0,\ x + y \leq 1 \right\}$$

1. Eine Zeichnung von S ist anzufertigen und zu beschriften.

2. Die Extremstellen von u auf S sind zu bestimmen.

3. Es ist anzugeben, ob es sich um Maxima oder Minima handelt.

Lösung 2.31

Zu 1.)

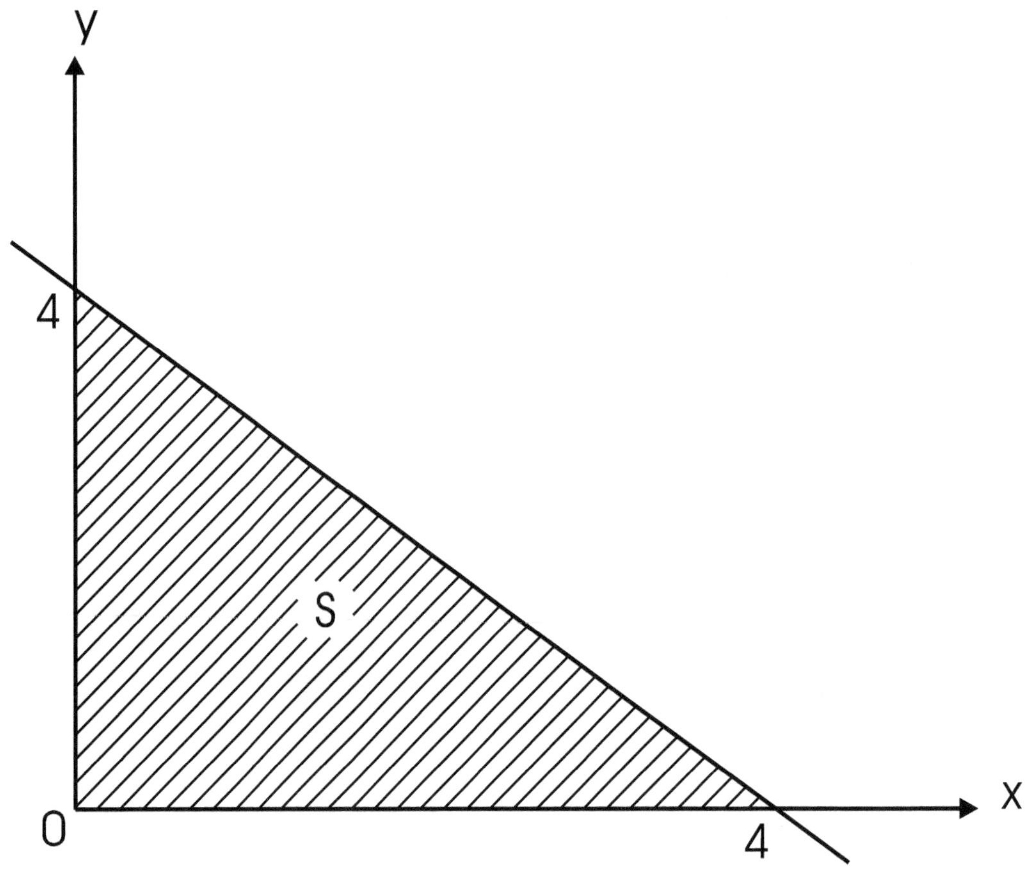

Abbildung 2.4: Integrationsgebiet S

Zu 2.)

Die Extremwerte sind Nullstellen der ersten partiellen Ableitungen der Funktion u(x,y), weshalb zunächst die partiellen Ableitungen bestimmt werden.

$$\frac{\partial}{\partial x}u(x,y) \;=\; \frac{\partial}{\partial x}xy(4-x-y) = y(4-2x-y) = 4y - 2xy - y^2$$

$$\frac{\partial}{\partial y}u(x,y) \;=\; \frac{\partial}{\partial y}xy(4-x-y) = x(4-x-2y) = 4x - x^2 - 2xy$$

Damit ergeben sich die Gleichungssysteme

$$(1) \quad y(4 - 2x - y) = 4y - 2xy - y^2 \;=\; 0$$

$$(2) \quad x(4 - x - 2y) = 4x - x^2 - 2xy \;=\; 0$$

Zunächst wird die folgende Form betrachtet

$$(1) \quad y(4 - 2x - y) = 0 \;\Rightarrow\; y = 0 \vee 4 - 2x - y = 0$$

$$(2) \quad x(4 - x - 2y) = 0 \;\Rightarrow\; x = 0 \vee 4 - x - 2y = 0$$

Dies liefert den Punkt

$$P_1(0,0)$$

Aus Gleichung (1) der beiden linearen Gleichungen

$$(1) \quad 4 - 2x - y \;=\; 0$$

$$(2) \quad 4 - x - 2y \;=\; 0$$

ergibt sich

$$y + 2x = 4 \;\Rightarrow\; y = 4 - 2x$$

Eingesetzt in Gleichung (2) ergibt sich

$$2(4 - 2x) + x = 4 \;\Rightarrow\; 8 - 4x + x = 4 \;\Rightarrow\; -3x = -4 \;\Rightarrow\; x = \frac{4}{3}$$

Damit ergibt sich für

$$y = 4 - 2 \cdot \frac{4}{3} = 4 - \frac{8}{3} = \frac{4}{3}$$

Damit der Punkt

$$P_2 \left(\frac{4}{3}, \frac{4}{3} \right)$$

Weiter werden die beiden quadratischen Gleichungen betrachtet

$$(1) \quad 4y - 2xy - y^2 = 0$$

$$(2) \quad 4x - x^2 - 2xy = 0$$

Die Lösung $y = 0$ eingesetzt in Gleichung (2) liefert

$$4x - x^2 = 0 \;\Rightarrow\; x = 0 \vee x = 4$$

und damit die beiden Punkte

$$P_3(0,0) \quad P_4(4,0)$$

Die Lösung $x = 0$ eingesetzt in Gleichung (1) liefert

$$4y - y^2 = 0 \;\Rightarrow\; y = 0 \lor y = 4$$

und damit die beiden Punkte

$$P_5(0,0) \quad P_6(0,4)$$

Damit ergeben sich die folgenden vier Punkte als mögliche Extremstellen

$$(0,0) \quad \left(\frac{4}{3},\frac{4}{3}\right) \quad (4,0) \quad (0,4)$$

Entsprechend der Voraussetzung liegt jedoch nur der Punkt

$$\left(\frac{4}{3},\frac{4}{3}\right)$$

im Inneren des Gebietes S und wird daher weiter betrachtet und untersucht. Für die zweiten partiellen Ableitungen gilt

$$\frac{\partial^2}{\partial x^2}u(x,y) \;=\; \frac{\partial}{\partial x}\left(4y - 2xy - y^2\right) = -2y$$

$$\frac{\partial^2}{\partial y^2}u(x,y) \;=\; \frac{\partial}{\partial y}\left(4x - x^2 - 2xy\right) = -2x$$

$$\frac{\partial^2}{\partial x\partial y}u(x,y) \;=\; \frac{\partial}{\partial y}\left(4y - 2xy - y^2\right) = 4 - 2x - 2y$$

Betrachtet wird weiter

$$\frac{\partial^2}{\partial x^2}u(x,y)\cdot\frac{\partial^2}{\partial y^2}u(x,y) - \left[\frac{\partial^2}{\partial x\partial y}u(x,y)\right]^2 \;=\; \frac{\partial^2}{\partial x^2}u\left(\frac{4}{3},\frac{4}{3}\right)\cdot\frac{\partial^2}{\partial y^2}u\left(\frac{4}{3},\frac{4}{3}\right) - \left[\frac{\partial^2}{\partial x\partial y}u\left(\frac{4}{3},\frac{4}{3}\right)\right]^2$$

$$=\; (-2)\cdot\frac{4}{3}\cdot(-2)\cdot\frac{4}{3} - \left[4 - 2\cdot\frac{4}{3} - 2\cdot\frac{4}{3}\right]^2 \;=$$

$$=\; \frac{64}{9} - \frac{16}{9} = \frac{48}{9} > 0$$

Dies bedeutet, dass ein Extremwert vorliegt. Für die zweite partielle Ableitung gilt

$$\frac{\partial^2}{\partial x^2}u\left(\frac{4}{3},\frac{4}{3}\right) = -2\cdot\frac{4}{3} = -\frac{8}{3} < 0$$

Dies bedeutet, dass der Punkt

$$\left(\frac{4}{3},\frac{4}{3}\right)$$

ein Maximum darstellt. Für den Funktionswert ergibt sich

$$u\left(\frac{4}{3},\frac{4}{3}\right) = \frac{4}{3}\cdot\frac{4}{3}\left(4 - \frac{4}{3} - \frac{4}{3}\right) = \frac{16}{9}\left(4 - \frac{8}{3}\right) = \frac{16}{9}\cdot\frac{12-8}{3} = \frac{16}{9}\cdot\frac{4}{3} = \frac{64}{27}$$

Aufgabe 2.32

Betrachtet werde die Funktion

$$f : \mathbb{R}^2 \to \mathbb{R}^3$$

$$f : (x, y) \mapsto f(x, y) = z = e^x \cdot (2x + y^2)$$

Die lokalen Extrema sind zu bestimmen.

Lösung 2.32

Es gilt für die zu betrachtende Funktion

$$f(x,y) = e^x(2x + y^2) = e^x 2x + e^x y^2$$

Damit ergibt sich für die partiellen Ableitungen

$$\frac{\partial}{\partial x} f(x,y) = e^x 2x + 2e^x + e^x y^2$$

$$\frac{\partial}{\partial x \partial x} f(x,y) = 2x e^x + 2e^x + 2e^x + e^x y^2 =$$

$$= 2x e^x + 4e^x + e^x y^2 = e^x(2x + 4 + y^2)$$

$$\frac{\partial}{\partial y} f(x,y) = 2y e^x$$

$$\frac{\partial}{\partial y \partial y} f(x,y) = 2e^x$$

$$\frac{\partial}{\partial x \partial y} f(x,y) = 2y e^x$$

Es gilt

$$\frac{\partial}{\partial x} f(x,y) = 0: \quad e^x(2x + 4 + y^2) = 0$$

$$\frac{\partial}{\partial y} f(x,y) = 0: \quad 2y e^x = 0 \;\Rightarrow\; y = 0 \quad (e^x \neq 0)$$

Eingesetzt ergibt sich

$$2x + 2 = 0 \;\Rightarrow\; x = -1$$

Damit ergibt sich der Punkt

$$P\left(x_E = -1, y_E = 0\right)$$

Es gilt weiter

$$\frac{\partial^2 f(-1,0)}{\partial x \partial x} \cdot \frac{\partial^2 f(-1,0)}{\partial y \partial y} - \left[\frac{\partial^2 f(-1,0)}{\partial x \partial y}\right]^2 = 2e^{-1} 2e^{-1} - 0 = 4e^{-2} > 0$$

Es liegt ein lokales Extremum vor.

Weiter gilt

$$\frac{\partial^2 f(-1,0)}{\partial x \partial x} = e^{-1}(2(-1) + 4 + 0) = 2e^{-1} > 0$$

Damit liegt bei (-1,0) ein Minimum vor.

3 Integralrechnung mehrerer Variabler

Aufgabe 3.1

Die Menge

$$B = \left\{ (x,y,z) \in \mathbb{R}^3 \mid 0 \leq x \leq H \wedge 0 \leq y \leq \frac{a}{H}x \wedge 0 \leq z \leq \frac{b}{H}x \right\}$$

beschreibe im $\mathbb{R}^3$ eine Pyramide.

Mit

$$f : (x,y) \mapsto f(x,y) := \frac{b}{H}x$$

und der Menge

$$B = \left\{ (x,y) \in \mathbb{R}^2 \mid 0 \leq x \leq H \wedge 0 \leq y \leq \frac{a}{H}x \right\}$$

ist das Volumen V der Pyramide zu bestimmen.

Lösung 3.1

Für das Volumen ergibt sich

$$
\begin{aligned}
V \;&=\; \iint_B f(x,y)\,dx\,dy \;=\; \\[2mm]
&=\; \frac{b}{H} \int_0^H \int_0^{\frac{a}{H}x} x\,dy\,dx \;=\; \\[2mm]
&=\; \frac{b}{H} \int_0^H \left[xy\right]_0^{\frac{a}{H}x}\,dx \;=\; \\[2mm]
&=\; \frac{ba}{H^2} \int_0^H x^2\,dx \;=\; \\[2mm]
&=\; \frac{ba}{H^2} \left[\frac{x^3}{3}\right]_0^H \;=\; \\[2mm]
&=\; \frac{abH}{3}
\end{aligned}
$$

Aufgabe 3.2

Betrachtet werde die Funktion
$$f : \mathbb{R}^3 \to \mathbb{R}$$
mit
$$f : (x, y, z) \mapsto f(x, y, z) = z$$

Im ersten Oktanten werde durch die Ebenen
$$y = 0, z = 0, x + y = 2, 2y + x = 6$$
und den Zylinder
$$y^2 + z^2 = 4$$
ein Bereich R mit
$$R = \left\{ (x, y, z) \in \mathbb{R}^3 \mid 2 - y \leq x \leq 6 - 2y \wedge 0 \leq y \leq 2 \wedge 0 \leq z \leq \sqrt{4 - y^2} \right\}$$
bestimmt.

Das Integral
$$\iiint_R z\,dV = \iiint_R z\,dz\,dx\,dy$$
ist zu bestimmen.

Lösung 3.2

Es gilt

$$\iiint\limits_{R} z\,dz\,dx\,dy \;=\; \int\limits_{0}^{2}\int\limits_{0}^{\sqrt{4-y^2}}\int\limits_{2-y}^{6-2y} z\,dz\,dx\,dy =$$

$$=\; \int\limits_{0}^{2}\int\limits_{0}^{\sqrt{4-y^2}} \left[zx\right]_{2-y}^{6-2y} dz\,dy =$$

$$=\; \int\limits_{0}^{2}\int\limits_{0}^{\sqrt{4-y^2}} \left[z(6-2y) - z(2-y)\right] dz\,dy =$$

$$=\; \int\limits_{0}^{2}\int\limits_{0}^{\sqrt{4-y^2}} \left[6z - 2zy - 2z + zy\right] dz\,dy =$$

$$=\; \int\limits_{0}^{2}\int\limits_{0}^{\sqrt{4-y^2}} (4z - zy)\,dz\,dy =$$

$$=\; \int\limits_{0}^{2} \left[4\frac{z^2}{2} - \frac{z^2}{2}y\right]_{0}^{\sqrt{4-y^2}} dy =$$

$$=\; \int\limits_{0}^{2} \left[2z^2 - \frac{z^2}{2}y\right]_{0}^{\sqrt{4-y^2}} dy =$$

$$=\; \int\limits_{0}^{2} \left(2(4-y^2) - \frac{1}{2}(4-y^2)y\right) dy =$$

$$=\; \int\limits_{0}^{2} \left(8 - 2y^2 - 4y + \frac{1}{2}y^3\right) dy =$$

$$=\; \left[8y - \frac{2}{3}y^3 - 2y^2 + \frac{1}{2}\frac{y^4}{4}\right]_{0}^{2} =$$

$$=\; 8\cdot 2 - \frac{2}{3}\cdot 8 - 2\cdot 4 + \frac{16}{8} = \frac{26}{3}$$

Aufgabe 3.3

Die Funktion

$$f : \mathbb{R}^2 \to \mathbb{R}$$

sei definiert durch

$$f(x,y) = \begin{cases} \frac{x-y}{(x+y)^3} & \text{falls} \quad (x,y) \neq (0,0) \\ 0 & \text{falls} \quad (x,y) = (0,0) \end{cases}$$

Die folgenden Integrale

1.

$$\int\limits_0^1 \left\{ \int\limits_0^1 f(x,y)dx \right\} dy$$

2.

$$\int\limits_0^1 \left\{ \int\limits_0^1 f(x,y)dy \right\} dx$$

sind zu bestimmen.

Lösung 3.3

Zu 1.)

Es gilt

$$
\int_0^1 \left\{ \int_0^1 \frac{x-y}{(x+y)^3}\,dx \right\} dy \;=\; \int_0^1 \left\{ \int_0^1 \frac{x}{(x+y)^3}\,dx - \int_0^1 \frac{y}{(x+y)^3}\,dx \right\} dy =
$$

$$
= \int_0^1 \left\{ \left[-\frac{1}{x+y} + \frac{y}{2(x+y)^2} \right]_0^1 - \left[y\,\frac{-1}{2(x+y)^2} \right]_0^1 \right\} dy =
$$

$$
= \int_0^1 \left\{ -\frac{1}{1+y} + \frac{y}{2(1+y)^2} - \left(-\frac{1}{y} + \frac{1}{2y} \right) - \left(\frac{-y}{2(1+y)^2} + \frac{1}{2y} \right) \right\} dy =
$$

$$
= \int_0^1 \left(\frac{-1}{1+y} + \frac{y}{2(1+y)^2} + \frac{1}{y} - \frac{1}{2y} + \frac{y}{2(1+y)^2} - \frac{1}{2y} \right) dy =
$$

$$
= \int_0^1 \left(-\frac{1}{1+y} + \frac{y}{(1+y)^2} \right) dy =
$$

$$
= \left[-ln(1+y) + \frac{1}{1+y} + ln(1+y) \right]_0^1 =
$$

$$
= \left[\frac{1}{1+y} \right]_0^1 = \frac{1}{2} - 1 = -\frac{1}{2}
$$

Das Integral

$$
\int \frac{x}{(x+y)^3}\,dx
$$

kann auf die folgende Weise gelöst werden, wenn nicht auf eine Tabelle zurückgegriffen werden soll. Mittels Substitution ergibt sich

$$
u(x) = x + y \;\Rightarrow\; x = u - y \;\text{ bzw. }\; \frac{d}{dx}u(x) = 1 \;\Rightarrow\; du = dx
$$

Damit gewinnt man die Integration

$$
\int \frac{x}{(x+y)^3}\,dx \;=\; \int \frac{u-y}{u^3}\,du = \int \left(\frac{1}{u^2} - \frac{y}{u^3} \right) du = \frac{u^{-2+1}}{-2+1} - y\,\frac{u^{-3+1}}{-3+1} =
$$

$$
= \frac{u^{-1}}{-1} - y\,\frac{u^{-2}}{-2} = -\frac{1}{u} + \frac{y}{2u^2} = -\frac{1}{x+y} + \frac{y}{2(x+y)^2}
$$

Zu 2.)

Es gilt

$$\int_0^1 \left\{ \int_0^1 \frac{x-y}{(x+y)^3} dy \right\} dx = \int_0^1 \left\{ \int_0^1 \frac{x}{(x+y)^3} dy - \int_0^1 \frac{y}{(x+y)^3} dy \right\} dx =$$

$$= \int_0^1 \left\{ \left[x \frac{(-1)}{2(x+y)^2} \right]_0^1 - \left[-\frac{1}{x+y} + \frac{x}{2(x+y)^2} \right]_0^1 \right\} dx =$$

$$= \int_0^1 \left[\frac{1}{x+y} - \frac{x}{(x+y)^2} \right]_0^1 dx =$$

$$= \int_0^1 \left(\frac{1}{1+x} - \frac{x}{(1+x)^2} - \frac{1}{x} + \frac{1}{x} \right) dx =$$

$$= \int_0^1 \left(\frac{1}{1+x} - \frac{x}{(1+x)^2} \right) dx =$$

$$= \left[ln(1+x) + \frac{1}{1+x} - ln(1+x) \right]_0^1 =$$

$$= \left[\frac{1}{1+x} \right]_0^1 =$$

$$= \frac{1}{2} - 1 = -\frac{1}{2}$$

Aufgabe 3.4

Mit

$$G = \{(x,y) \mid x \geq 1, \quad y \geq 1, \quad x+y \leq 3\}$$

ist das folgende Integral

$$\iint_G \frac{1}{(x+y)^3} d(x,y)$$

zu bestimmen.

Es ist eine Zeichnung des Integrationsgebietes G anzufertigen.

Lösung 3.4

$$\iint_G \frac{1}{(x+y)^3}d(x,y) \;=\; \int_1^2 \left\{ \int_1^{3-x} \frac{1}{(x+y)^3}dy \right\} dx =$$

$$=\; \int_1^2 \left[-\frac{1}{2(x+y)^2} \right]_1^{3-x} dx =$$

$$=\; \int_1^2 \left\{ -\frac{1}{2(x+3-x)^2} + \frac{1}{2(x+1)^2} \right\} dx =$$

$$=\; -\int_1^2 \frac{1}{18}dx + \frac{1}{2}\int_1^2 \frac{1}{(x+1)^2}dx =$$

$$=\; -\left[\frac{x}{18} \right]_1^2 - \frac{1}{2}\left[\frac{1}{(x+1)} \right]_1^2 =$$

$$=\; -\left[\frac{1}{9} - \frac{1}{18} \right] - \frac{1}{2}\left[\frac{1}{3} - \frac{1}{2} \right] =$$

$$=\; -\frac{1}{9} + \frac{1}{18} - \frac{1}{6} + \frac{1}{4} =$$

$$=\; -\frac{1}{18} + \frac{1}{12} = \frac{1}{36}$$

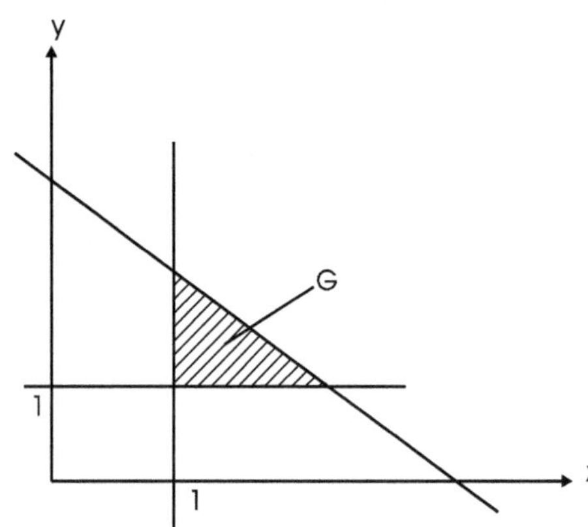

Abbildung 3.1: Integrationsgebiet G

Aufgabe 3.5

Betrachtet werde die Funktion

$$f : \mathbb{R}^2 \to \mathbb{R}$$

$$f : (x, y) \mapsto f(x, y) = z = xy$$

sowie das Gebiet $D \subset \mathbb{R}^2$ mit

$$D = \left\{ (x, y) \in \mathbb{R}^2 \mid x = 0, \ y = 0, \ \sqrt{x} + \sqrt{y} = 1 \right\}$$

1. Eine Skizze von D ist anzufertigen.

2. Das Integral

$$\iint\limits_D xy\,dy\,dx$$

ist zu berechnen.

3. Das Integral

$$\iint\limits_D xy\,dx\,dy$$

ist zu berechnen.

Lösung 3.5

Zu 1.)

Für die Zeichnung ergibt sich die folgende Darstellung

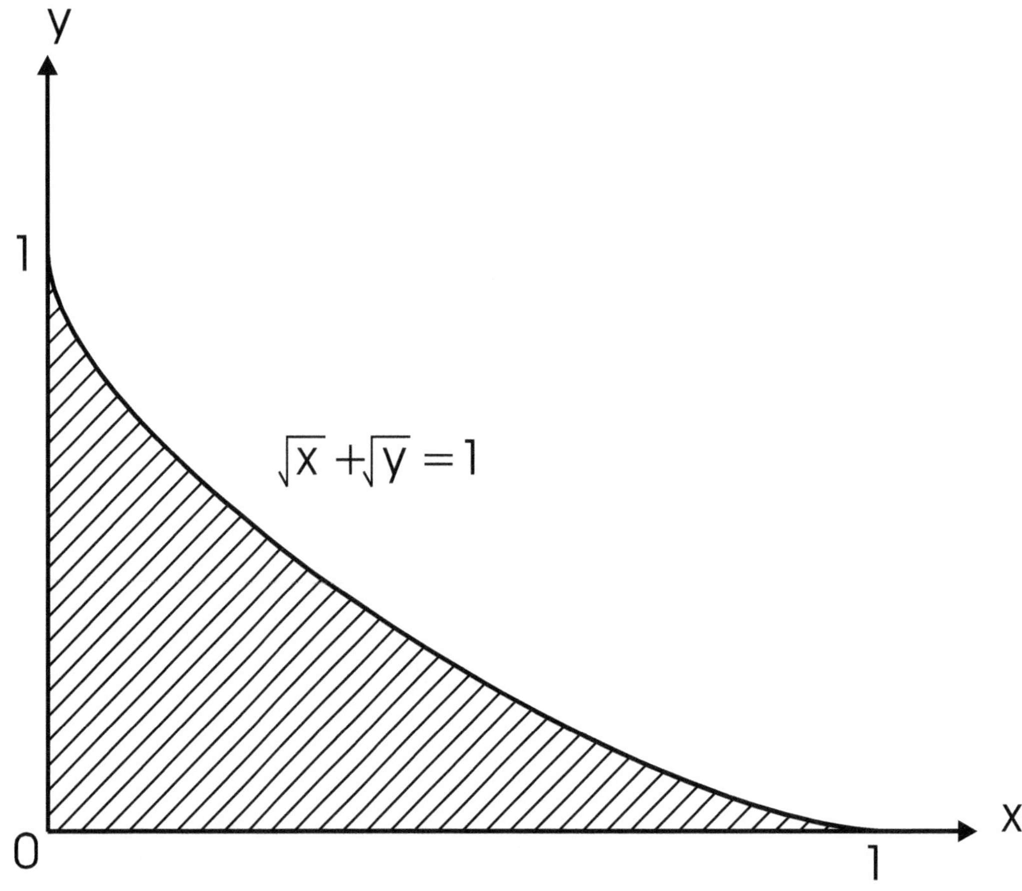

Abbildung 3.2: Gebiet $x = 0, y = 0, \sqrt{x} + \sqrt{y} = 1$

Zu 2.)

Zur Festlegung der Integrationsgrenzen wird die folgende Vorgehensweise gewählt

$$\sqrt{x} + \sqrt{y} = 1 \;\Rightarrow\; \sqrt{y} = 1 - \sqrt{x} \;\Rightarrow\; y = \left(1 - \sqrt{x}\right)^2$$

Der Zusammenhang

$$\varphi_1(x) \le y \le \varphi_2(x) \quad \varphi_1(x) = 0 \quad \varphi_2(x) = \left(1 - \sqrt{x}\right)^2$$

ergibt

$$0 \leq y \leq \left(1 - \sqrt{x}\right)^2$$

Damit kann die Integration durchgeführt werden

$$\iint_D xy\,dy\,dx \;=\; \int_0^d \left\{ \int_{\varphi_1(x)}^{\varphi_2(x)} xy\,dy \right\} dx \;=$$

$$=\; \int_0^1 \left\{ \int_0^{\left(1-\sqrt{x}\right)^2} xy\,dy \right\} dx \;=$$

$$=\; \int_0^1 \left[x\frac{y^2}{2} \right]_0^{\left(1-\sqrt{x}\right)^2} dx \;=$$

$$=\; \int_0^1 x\frac{\left(1-\sqrt{x}\right)^{2\cdot 2}}{2}\,dx \;=$$

$$=\; \frac{1}{2}\int_0^1 x\left(1-\sqrt{x}\right)^4 dx \;=$$

$$=\; \frac{1}{2}\int_0^1 \left(x - 4x\sqrt{x} + 6x^2 - 4x^2\sqrt{x} + x^3\right) dx \;=$$

$$=\; \frac{1}{280} \;=$$

$$=\; 0,00357$$

Zu 3.)

Zur Festlegung der Integrationsgrenzen wird die folgende Vorgehensweise gewählt

$$\sqrt{x} + \sqrt{y} = 1 \;\Rightarrow\; \sqrt{x} = 1 - \sqrt{y} \;\Rightarrow\; x = \left(1 - \sqrt{y}\right)^2$$

Der Zusammenhang

$$\psi_1(y) \leq x \leq \psi_2(y) \quad \psi_1(x) = 0 \quad \psi_2(y) = \left(1 - \sqrt{y}\right)^2$$

ergibt

$$0 \leq x \leq \left(1 - \sqrt{y}\right)^2$$

Damit kann die Integration begonnen werden

$$\iint\limits_{D} xy\,dx\,dy \;=\; \int\limits_{0}^{b}\left\{\int\limits_{\psi_1(x)}^{\psi_2(x)} xy\,dx\right\}dy =$$

$$=\; \int\limits_{0}^{1}\left\{\int\limits_{0}^{\left(1-\sqrt{y}\right)^2} xy\,dx\right\}dy =$$

$$=\; \int\limits_{0}^{1}\left[y\frac{x^2}{2}\right]_{0}^{\left(1-\sqrt{y}\right)^2}dy =$$

$$=\; \int\limits_{0}^{1} y\frac{\left(1-\sqrt{y}\right)^{2\cdot 2}}{2}dy =$$

$$=\; \frac{1}{2}\int\limits_{0}^{1} y\left(1-\sqrt{y}\right)^4 dy =$$

$$=\; \frac{1}{280} = 0,00357$$

Aufgabe 3.6

Das Doppelintegral

$$\int\limits_{1}^{2}\int\limits_{1}^{x}\frac{x^2}{y^2}\,dy\,dx$$

ist zu bestimmen und der Integrationsbereich zu zeichnen.

Lösung 3.6

In der nachfolgenden Zeichnung ist zunächst für das weitere Verständnis das geforderte Integrationsgebiet dargestellt.

Die Begrenzungen

$$1 \leq y \leq x$$

$$1 \leq x \leq 2$$

sind deutlich zu ersehen.

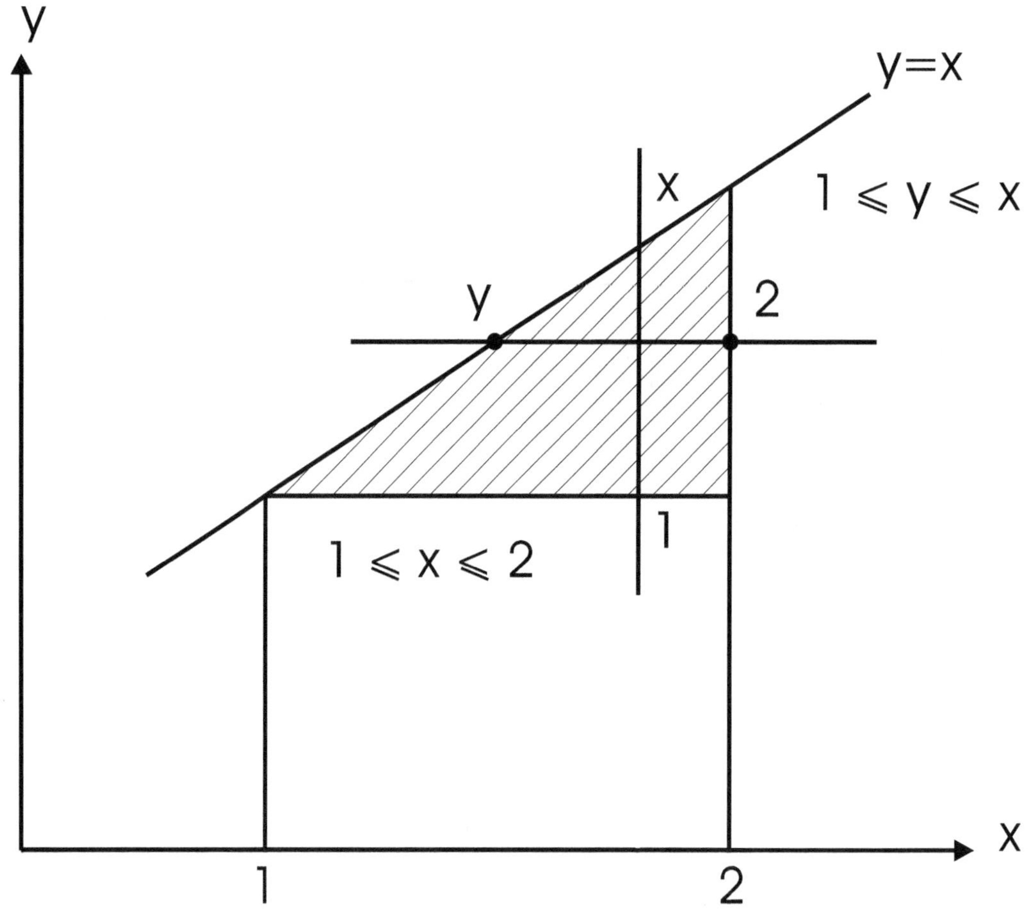

Abbildung 3.3: Integrationsgebiet

Für die Integration gilt

$$\int_1^2 \int_1^x \frac{x^2}{y^2}\,dy\,dx \;=\; \int_1^2 \left[-\frac{x^2}{y}\right]_1^x dx =$$

$$=\; \int_1^2 (-x + x^2)\,dx =$$

$$=\; \left[-\frac{x^2}{2} + \frac{x^3}{3}\right]_1^2 =$$

$$=\; -2 + \frac{8}{3} + \frac{1}{2} - \frac{1}{3} =$$

$$=\; \frac{7}{3} - \frac{3}{2} = \frac{14 - 9}{6} =$$

$$=\; \frac{5}{6}$$

Aufgabe 3.7

Es sei das Integrationsgebiet

$$I = \{(x,y) \mid 0 \leq x \leq 2,\ 1 \leq y \leq 2\}$$

gegeben.

Es sind die folgenden Doppelintegrale zu bestimmen

1.

$$\iint\limits_{I} (x+y)d(x,y)$$

2.

$$\iint\limits_{I} y\sin(\pi xy)d(x,y)$$

Lösung 3.7

Zu 1.)

Es gilt

$$
\iint_I (x+y)\,d(x,y) \;=\; \int_1^2 \int_0^2 (x+y)\,dx\,dy =
$$

$$
= \int_1^2 \left[\frac{x^2}{2} + xy\right]_0^2 dy =
$$

$$
= \int_1^2 (2 + 2y)\,dy =
$$

$$
= \left[2y + y^2\right]_1^2 =
$$

$$
= 4 + 4 - (2 + 1) = 5
$$

Zu 2.)

Es gilt

$$
\iint_I y\sin(\pi xy)\,d(x,y) \;=\; \int_1^2 \int_0^2 y\sin(\pi xy)\,dx\,dy =
$$

$$
= \int_1^2 \left[y\left(-\frac{1}{\pi y}\cos(\pi xy)\right)\right]_0^2 dy =
$$

$$
= \int_1^2 \left[-\frac{1}{\pi}\cos(\pi xy)\right]_0^2 dy =
$$

$$
= \int_1^2 \left[-\frac{1}{\pi}\cos(2\pi y) + \frac{1}{\pi}\right] dy =
$$

$$
= -\frac{1}{\pi}\int_1^2 \cos(2\pi y)\,dy + \frac{1}{\pi}\int_1^2 dy =
$$

$$
= -\frac{1}{\pi}\left[\frac{1}{2\pi}\sin(2\pi y)\right]_1^2 + \frac{1}{\pi}[y]_1^2 =
$$

$$
= -\frac{1}{\pi}\left[\frac{1}{2\pi}\sin(4\pi) - \frac{1}{2\pi}\sin(2\pi)\right] + \frac{1}{\pi}[2 - 1] = \frac{1}{\pi}
$$

Aufgabe 3.8

Es sei das Integrationsgebiet

$$I = \{(x, y, z) \mid 0 \le x \le 1, \ 1 \le y \le 1, \ 0 \le z \le 1\}$$

gegeben.

Die folgenden Dreifachintegrale

1.

$$\iiint_I xyz\, d(x, y, z)$$

2.

$$\iiint_I (x^3 + y^2 + z)\, d(x, y, z)$$

sind zu berechnen.

Lösung 3.8

Zu 1.)

Es gilt

$$
\iiint_I xyz\,d(x,y,z) \;=\; \int_0^1\int_0^1\int_0^1 xyz\,dx\,dy\,dz = \int_0^1\int_0^1 \left[\frac{x^2}{2}yz\right]_0^1 dy\,dz =
$$

$$
=\; \int_0^1\int_0^1 \frac{yz}{2}\,dy\,dz = \int_0^1 \left[\frac{y^2}{4}z\right]_0^1 dz =
$$

$$
=\; \int_0^1 \frac{z}{4}\,dz = \left[\frac{z^2}{8}\right]_0^1 = \frac{1}{8}
$$

Zu 2.)

Es gilt

$$
\iiint_I (x^3 + y^2 + z)\,d(x,y,z) \;=\; \int_0^1\int_0^1\int_0^1 (x^3 + y^2 + z)\,dx\,dy\,dz =
$$

$$
=\; \int_0^1\int_0^1 \left[\frac{x^4}{4} + xy^2 + xz\right]_0^1 dy\,dz =
$$

$$
=\; \int_0^1\int_0^1 \left(\frac{1}{4} + y^2 + z\right) dy\,dz =
$$

$$
=\; \int_0^1 \left[\frac{y}{4} + \frac{y^3}{3} + yz\right]_0^1 dz =
$$

$$
=\; \int_0^1 \left(\frac{1}{4} + \frac{1}{3} + z\right) dz =
$$

$$
=\; \int_0^1 \left(\frac{7}{12} + z\right) dz =
$$

$$
=\; \left[\frac{7}{12}z + \frac{z^2}{2}\right]_0^1 =
$$

$$
=\; \frac{7}{12} + \frac{1}{2} = \frac{13}{12}
$$

Aufgabe 3.9

Die Funktion

$$f : \mathbb{R}^2 \to \mathbb{R}$$

$$f : (x,y) \mapsto f(x,y) = x^2 + y^2$$

sei Riemann-integrierbar auf der Menge $G \subset \mathbb{R}^2$ mit

$$G = \left\{ (x,y) \mid 0 \le x \le 2,\ 0 \le y \le x^2 \right\}$$

Weiterhin sei G in Richtung der x-Achse und in Richtung der y-Achse projizierbar.

1. Es ist eine vollständige Skizze von G anzufertigen.

2. Das Integral

$$\iint\limits_{G} f(x,y)\,dx\,dy$$

ist

2.1 über die Projektion von G in Richtung der y-Achse

2.2 über die Projektion von G in Richtung der x-Achse

zu bestimmen.

Lösung 3.9

Zu 1.)

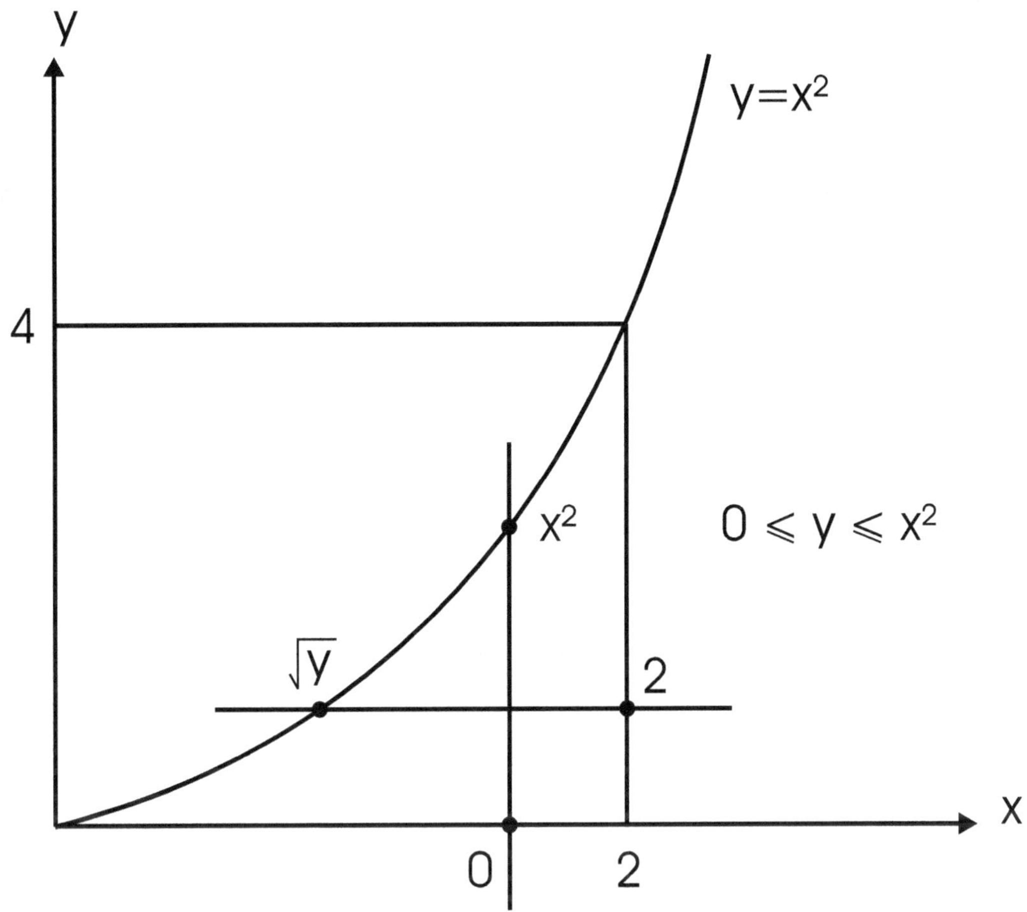

Abbildung 3.4: Projektionen längs der Koordinaten-Achsen

Zu 2.)

Für die Projektion längs der y-Achse ergibt sich die Integration

$$\iint\limits_{G} f(x,y)d(x,y) \;=\; \int\limits_{0}^{2} \left\{ \int\limits_{0}^{x^2} (x^2+y^2)dy \right\} dx =$$

$$= \int\limits_{0}^{2} \left[x^2 y + \frac{y^3}{3} \right]_{0}^{x^2} dx =$$

$$= \int\limits_{0}^{2} \left(x^4 + \frac{x^6}{3} \right) dx =$$

$$= \left[\frac{x^5}{5} + \frac{x^7}{21} \right]_{0}^{2} =$$

$$= \frac{1312}{105}$$

Zu 3.)

Für die Projektion längs der x-Achse ergibt sich die Integration

$$\iint\limits_{G} f(x,y)d(x,y) \;=\; \int\limits_{0}^{4} \left\{ \int\limits_{\sqrt{y}}^{2} (x^2+y^2)dx \right\} dy =$$

$$= \int\limits_{0}^{4} \left[\frac{8}{3} + 2y^2 - \frac{1}{3}y^{\frac{3}{2}} - y^{\frac{5}{2}} \right] dy =$$

$$= \left[\frac{8}{3}y + \frac{2}{3}y^3 - \frac{2}{15}y^{\frac{5}{2}} - \frac{2}{7}y^{\frac{7}{2}} \right]_{0}^{4} =$$

$$= \frac{1312}{105}$$

Somit gilt

$$\iint\limits_{G} f(x,y)d(x,y) = \int\limits_{0}^{2} \left\{ \int\limits_{0}^{x^2} (x^2+y^2)dy \right\} dx = \int\limits_{0}^{4} \left\{ \int\limits_{\sqrt{y}}^{2} (x^2+y^2)dx \right\} dy = \frac{1312}{105}$$

Aufgabe 3.10

Betrachtet werde das Zylinderstück

$$K = \left\{ (x, y, z) \mid x \geq 0,\ y \geq 0,\ x^2 + y^2 \leq 1,\ 0 \leq z \leq 1 \right\}$$

1. Es ist eine Zeichnung anzufertigen.

2. Das Integral

$$\iiint_K x^2 y \, d(x, y, z)$$

ist mittels Einführung von Zylinderkoordinaten zu bestimmen.

Lösung 3.10

Zu 1.)

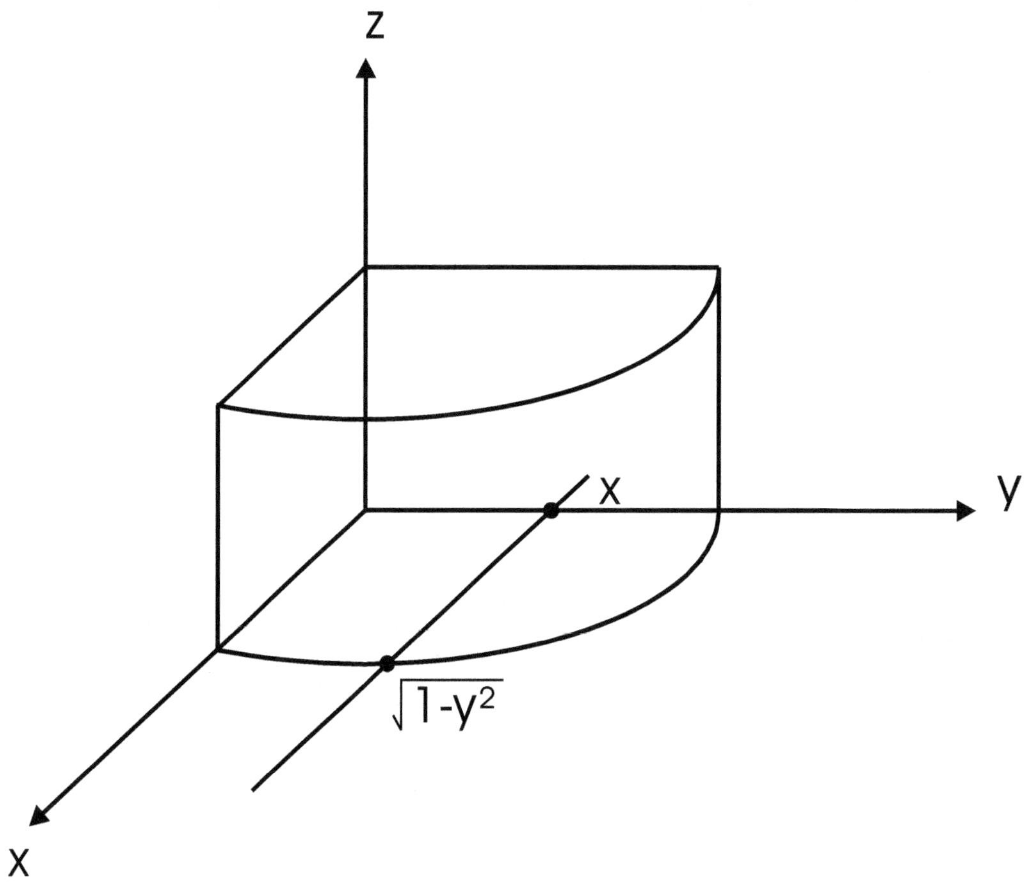

Abbildung 3.5: Zylinderstück

Zu 2.)

Mit den Zylinderkoordinaten ergibt sich

$$x = r\cos(\varphi)$$

$$y = r\sin(\varphi)$$

$$z = \tilde{z}$$

$$x^2 + y^2 \leq 1 \;\Rightarrow\; r^2\cos^2(\varphi) + r^2\sin^2(\varphi) \leq 1 \;\Rightarrow\; r^2 \leq 1 \;\Rightarrow\; r \leq 1$$

$$0 \le z \le 1 \;\Rightarrow\; (z = \tilde{z}) \;\Rightarrow\; 0 \le \tilde{z} \le 1$$

$$0 \le \varphi \le \frac{\pi}{2}$$

Es gilt

$$r\,d\tilde{z}\,dr\,d\varphi$$

für das Volumenelement in Zylinderkoordinaten. Dann ergibt sich für die Integrandenfunktion

$$x^2 y = r^2 cos^2(\varphi) r sin(\varphi)$$

Damit gilt für die Integration

$$\iiint\limits_{K} x^2 y\, d(x,y,z) \;=\; \int_0^{\frac{\pi}{2}} \left\{ \int_0^1 \left\{ \int_0^1 r^4 cos^2(\varphi) sin(\varphi) d\tilde{z} \right\} dr \right\} d\varphi =$$

$$= \int_0^{\frac{\pi}{2}} \left\{ \int_0^1 r^4 cos^2(\varphi) sin(\varphi) dr \right\} d\varphi =$$

$$= \frac{1}{5} \int_0^{\frac{\pi}{2}} cos^2(\varphi) sin(\varphi) d\varphi =$$

$$= -\frac{1}{15} cos^3(\varphi) \Big|_0^{\frac{\pi}{2}} =$$

$$= \frac{1}{15}$$

Über die folgende Skizze kann das Integral alternativ berechnet werden.

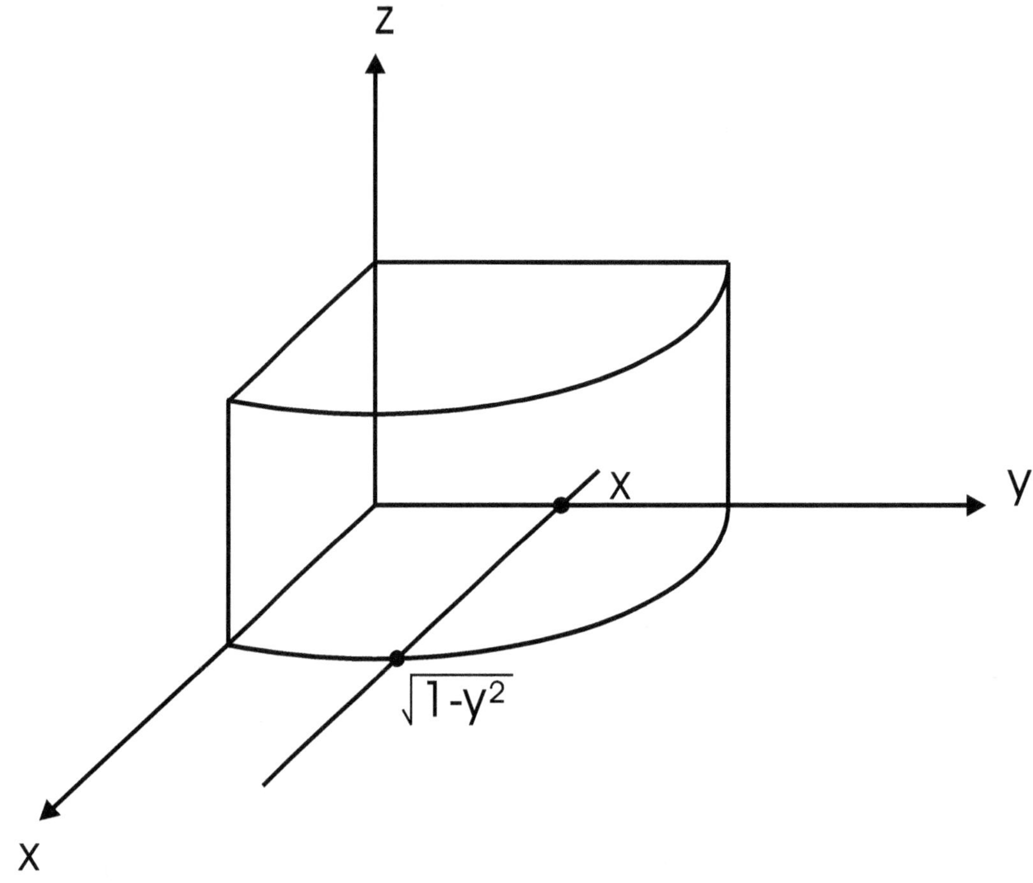

Abbildung 3.6: Zylinderstück

Für die Begrenzungen gilt

$$0 \leq x \leq \sqrt{1 - y^2}$$

$$0 \leq y \leq 1$$

$$0 \leq z \leq 1$$

Damit ergibt sich für das Dreifachintegral

$$\int_0^1 \int_0^1 \int_0^{\sqrt{1-y^2}} x^2 y\, dx\, dy\, dz = \int_0^1 \int_0^1 \left.\frac{x^3}{3} y\right|_0^{\sqrt{1-y^2}} dy\, dz =$$

$$= \int_0^1 \int_0^1 \frac{\left(\sqrt{1-y^2}\right)^3}{3} =$$

$$= \frac{1}{3} \int_0^1 \int_0^1 (1-y^2)\sqrt{1-y^2}\, dy\, dz =$$

$$= \frac{1}{3} \int_0^1 \int_0^1 \left(\sqrt{1-y^2}\right)^3 dy\, dz =$$

$$= \frac{1}{3} \int_0^1 \int_0^1 \left(1-y^2\right)^{\frac{3}{2}} dy\, dz =$$

$$= \frac{1}{15}$$

Aufgabe 3.11

Betrachtet werde ein Gebiet $D \subset \mathbb{R}^2$ mit den folgenden Begrenzungen

$$D = \left\{ (x,y) \in \mathbb{R}^2 \mid 0 \leq y \leq \pi(1+x), \; -1 \leq x \leq 0 \right\}$$

1. Es ist eine Zeichnung anzufertigen.

2. Zu bestimmen ist
$$a \leq x \leq b \quad \text{und} \quad g_1(x) \leq y \leq g_2(x)$$

für die Grenzen
$$a, b, g_1(x), g_2(x)$$

3. Zu bestimmen ist
$$c \leq y \leq d \quad \text{und} \quad f_1(y) \leq x \leq f_2(y)$$

für die Grenzen
$$c, d, f_1(y), f_2(y)$$

4. Zu bestimmen ist das Doppelintegral

$$\int\limits_0^{\pi(1+x)} \int\limits_{-1}^{0} (1+x)sin(y)dxdy$$

5. Zu bestimmen ist das Integral

$$\iint\limits_D (1+x)sin(y)dD = \int\limits_{-1}^{0} \int\limits_0^{\pi(1+x)} (1+x)sin(y)dydx$$

Lösung 3.11

Zu 1.)

Für die Zeichnung ergibt sich zunächst

$$0 \le y \le \pi(1 + x) \quad \text{und} \quad -1 \le x \le 0$$

$$0 \le y \le \pi \quad \text{und} \quad \frac{y}{\pi} - 1 \le x \le 0$$

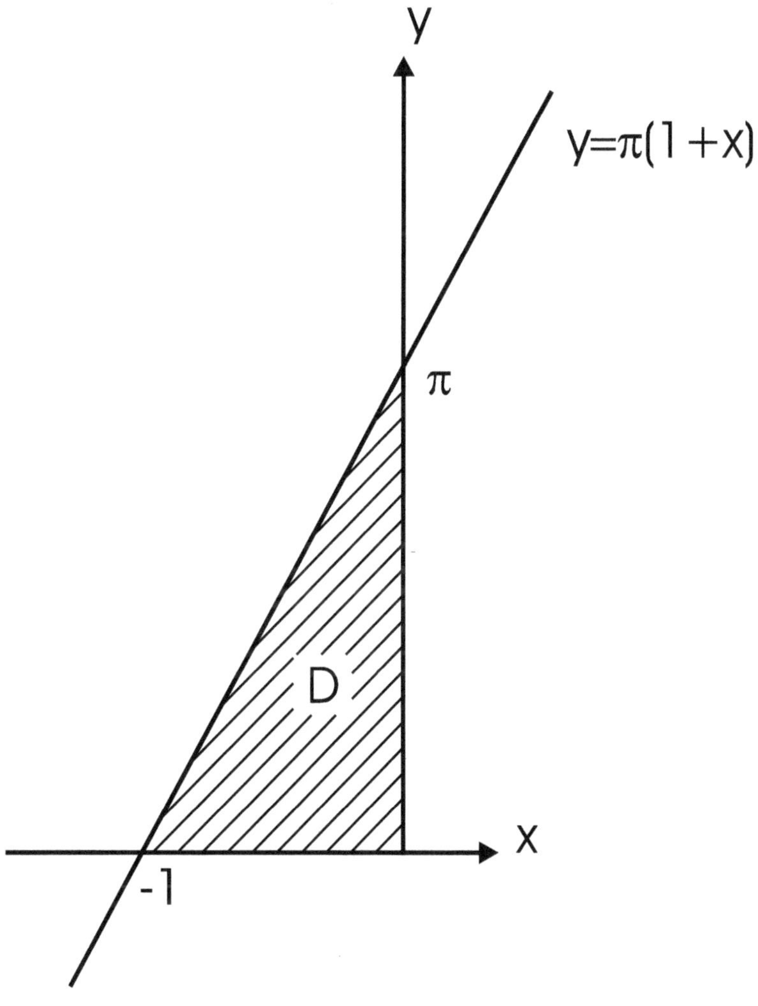

Abbildung 3.7: Integrationsgebiet D

Zu 2.)

Für die Grenzen ergibt sich

$$\left.\begin{array}{c} a \leq x \leq b \\[2mm] -1 \leq x \leq 0 \end{array}\right\} \;\Rightarrow\; a = -1,\; b = 0$$

$$\left.\begin{array}{c} g_1(x) \leq y \leq g_2(x) \\[2mm] 0 \leq y \leq \pi(1+x) \end{array}\right\} \;\Rightarrow\; g_1(x) = 0,\; g_2(x) = \pi(1+x)$$

Für die Grenzen ergibt sich

$$\left.\begin{array}{c} c \leq y \leq d \\[2mm] 0 \leq y \leq \pi \end{array}\right\} \;\Rightarrow\; c = 0,\; d = \pi$$

$$\left.\begin{array}{c} f_1(y) \leq x \leq f_2(y) \\[2mm] \frac{y}{\pi} - 1 \leq x \leq 0 \end{array}\right\} \;\Rightarrow\; f_1(x) = \frac{y}{\pi} - 1,\; f_2(x) = 0$$

Zu 3.)

Für das Doppelintegral gilt

$$\int_0^{\pi(1+x)} \int_{-1}^{0} (1+x)sin(y)dxdy \;=\; \int_0^{\pi(1+x)} \left\{ \int_{-1}^{0} sin(y)dx + \int_{-1}^{0} xsin(y)dx \right\} dy =$$

$$= \int_0^{\pi(1+x)} \left\{ \left[xsin(y) + \frac{x^2}{2}sin(y) \right]_{-1}^{0} \right\} dy =$$

$$= \int_0^{\pi(1+x)} \left\{ sin(y) - \frac{1}{2}sin(y) \right\} dy =$$

$$= \frac{1}{2} \int_0^{\pi(1+x)} sin(y)dy =$$

$$= \frac{1}{2} \left[-cos(y) \right]_0^{\pi(1+x)} =$$

$$= \frac{1}{2} \left[-cos(\pi(1+x)) + cos(0) \right] =$$

$$= -\frac{1}{2}cos(\pi(1+x)) + \frac{1}{2}$$

Zu 4.)

Für das Integral gilt

$$\iint\limits_{D} (1+x)sin(y)dD \;=\; \int\limits_{0}^{\pi} \int\limits_{\frac{y}{\pi}-1}^{0} (1+x)sin(y)dxdy =$$

$$= \int\limits_{0}^{\pi} \left\{ \int\limits_{\frac{y}{\pi}-1}^{0} sin(y)dx + \int\limits_{\frac{y}{\pi}-1}^{0} x\,sin(y)dx \right\} dy =$$

$$= \int\limits_{0}^{\pi} \left\{ \left[x\,sin(y) + \frac{x^2}{2}sin(y) \right]_{\frac{y}{\pi}-1}^{0} \right\} =$$

$$= \int\limits_{0}^{\pi} \left\{ -\left(\frac{y}{\pi}-1\right)sin(y) - \frac{1}{2}\left(\frac{y}{\pi}-1\right)^2 sin(y) \right\} dy =$$

$$= \int\limits_{0}^{\pi} \left\{ -\frac{y}{\pi}sin(y) + sin(y) - \frac{1}{2}\left(\frac{y^2}{\pi^2} - \frac{2y}{\pi} + 1\right)sin(y) \right\} dy =$$

Umformungen und die Aufspaltung nach der Linearität in einzelne Integrale führt
zu

$$-\frac{1}{\pi}\int\limits_{0}^{\pi} y\,sin(y)dy + \int\limits_{0}^{\pi} sin(y)dy - \frac{1}{2\pi^2}\int\limits_{0}^{\pi} y^2 sin(y)dy + \frac{1}{\pi}\int\limits_{0}^{\pi} y\,sin(y)dy - \frac{1}{2}\int\limits_{0}^{\pi} sin(y)dy$$

Die nachfolgende Vereinfachung und Zusammenfassung führt zu zwei elementar lös-
baren Integralen

$$-\frac{1}{2\pi^2}\int\limits_{0}^{\pi} y^2 sin(y)dy + \frac{1}{2}\int\limits_{0}^{\pi} sin(y)dy$$

Damit ergibt sich weiter

$$= -\frac{1}{2\pi^2}\left[2y\sin(y) - (y^2 - 2)\cos(y)\right]_0^\pi + \frac{1}{2}\left[-\cos(y)\right]_0^\pi =$$

$$= -\frac{1}{2\pi^2}\left[2(\pi) - (\pi^2 - 2)\cos(\pi) - 0 - (0 - 2)\cos(0)\right] + \frac{1}{2}\left[-\cos(\pi) + \cos(\pi)\right] =$$

$$= -\frac{1}{2\pi^2}\left[0 + \pi^2 + 2(-1) + 2\right] + \frac{1}{2}\left[1 + 1\right] =$$

$$= -\frac{1}{2\pi^2}(\pi^2 - 2 + 2) + 1 =$$

$$= -\frac{1}{2} + 1 =$$

$$= \frac{1}{2}$$

Zu 5.)

Für das Integral ergibt sich zunächst

$$\iint_D (1 + x)\sin(y)\,dD = \int_{-1}^0 \int_0^{\pi(1+x)} (1 + x)\sin(y)\,dy\,dx =$$

$$= \int_{-1}^0 \left\{ \int_0^{\pi(1+x)} \sin(y)\,dy + \int_0^{\pi(1+x)} x\sin(y)\,dy \right\} dx =$$

$$= \int_{-1}^0 \left\{ \left[-\cos(y) - x\cos(y)\right]_0^{\pi(1+x)} \right\} dx =$$

$$= \int_{-1}^0 \left\{ -\cos(\pi(1 + x)) + \cos(0) + x\left[-\cos(\pi(1 + x)) + \cos(0)\right] \right\} dx =$$

$$= \int_{-1}^0 \left\{ -\cos(\pi(1 + x)) + 1 - x\cos(\pi(1 + x)) + x \right\} dx =$$

$$= -\int_{-1}^0 \cos(\pi(1 + x))\,dx + \int_{-1}^0 dx - \int_{-1}^0 x\cos(\pi(1 + x))\,dx + \int_{-1}^0 x\,dx =$$

Nachfolgend ist eine Substitution erforderlich, wodurch auch die Grenzen verändert werden. Zunächst wird das Argument von

$$cos(\pi + \pi x)$$

folgendermaßen substituiert

$$t := \pi + \pi x \;\Rightarrow\; \frac{dt}{dx} = \pi \;\Rightarrow\; dx = \frac{dt}{\pi}$$

Für diese und die nachfolgende Substitution verändern sich die Grenzen, wie folgt

$$t_1 = \pi - \pi = 0 \qquad t_2 = \pi$$

Für die Integrandenfunktion

$$x cos(\pi + \pi x)$$

liefert die Substitution

$$t := \pi + \pi x \;\Rightarrow\; x = \frac{t}{\pi} - 1 \quad \text{und} \quad dx = \frac{dt}{\pi}$$

Damit ergibt sich weiter $(\star)$ für die Integration

$$(\star) \;=\; -\frac{1}{\pi} \int_0^{\pi} cos(t) dt + [x]_{-1}^0 - \int_0^{\pi} \left(\frac{t}{\pi} - 1 \right) cos(t) \frac{dt}{\pi} + \left[\frac{x^2}{2} \right]_{-1}^0 \;=$$

$$=\; -\frac{1}{\pi} \int_0^{\pi} cos(t) dt + 1 - \int_0^{\pi} \left(\frac{t}{\pi} - 1 \right) cos(t) dt - \frac{1}{2} \;=$$

$$=\; -\frac{1}{\pi} \int_0^{\pi} cos(t) dt - \frac{1}{\pi^2} \int_0^{\pi} t cos(t) dt + \frac{1}{\pi} \int_0^{\pi} cos(t) dt + \frac{1}{2} \;=$$

$$=\; -\frac{1}{\pi^2} \int_0^{\pi} t cos(t) dt + \frac{1}{2} \;=$$

$$=\; -\frac{1}{\pi^2} \left[cos(t) + t sin(t) \right]_0^{\pi} + \frac{1}{2} \;=$$

$$=\; -\frac{1}{\pi^2} \left[cos(\pi) + \pi sin(\pi) - cos(0) - 0 sin(0) \right] + \frac{1}{2} \;=$$

$$=\; -\frac{1}{\pi^2} \left[1 + \pi \cdot 0 - 1 - 0 \right] + \frac{1}{2} \;=$$

$$=\; \frac{1}{2}$$

Aufgabe 3.12

Ein zweidimensionales Teilgebiet G mit $G \subset \mathbb{R}^2$ werde durch

$$G = \{(x,y) \mid 0 \le x \le 3, \quad 2 \le y \le 5\}$$

beschrieben.

1. Es ist eine Skizze anzufertigen.

2. Das Doppelintegral

$$\iint\limits_{G} y\cos(\pi xy)\,dx\,dy$$

   ist zu bestimmen.

Lösung 3.12

Zu 1.)

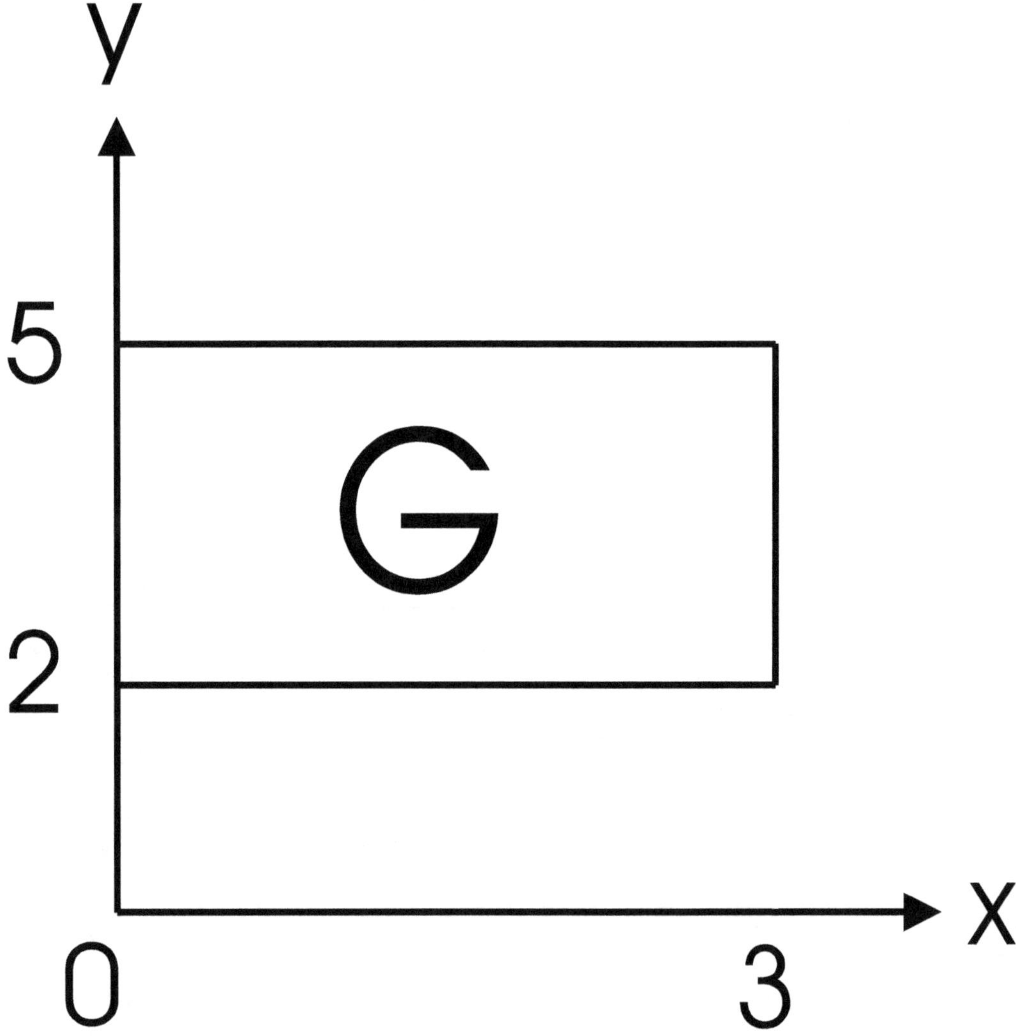

Abbildung 3.8: Integrationsgebiet G

Zu 2.)

Für das Doppelintegral ergibt sich

$$\iint\limits_{G} y\cos(dx\,dy \;=\; \int\limits_{0}^{7}\int\limits_{1}^{3} y\cos()dx\,dy \;=$$

$$=\; \int\limits_{1}^{3} y\left[\sin(\pi xy)\frac{1}{\pi y}\right]_{0}^{7} dy \;=$$

$$=\; \int\limits_{1}^{3} y\left[\sin(7\pi y)\frac{1}{\pi y} - 0\right] dy \;=$$

$$=\; \int\limits_{1}^{3} \frac{1}{\pi}\sin(7\pi y)dy \;=$$

$$=\; \frac{1}{\pi}\int\limits_{1}^{3} \sin(7\pi y)dy \;=$$

$$=\; \frac{1}{\pi}\left[-\cos(7\pi y)\frac{1}{7\pi}\right]_{1}^{3} \;=$$

$$=\; \frac{1}{\pi}\left[-\cos(21\pi)\frac{1}{7\pi} + \cos(7\pi)\frac{1}{7\pi}\right] \;=$$

$$=\; \frac{1}{7\pi^2}\left[\cos(7\pi) - \cos(21\pi)\right] \;=$$

$$=\; \frac{1}{7\pi^2}\left[-1 - (-1)\right] \;=$$

$$=\; 0$$

Aufgabe 3.13

Es sei K der in der Abbildung dargestellte Kreiszylinder.

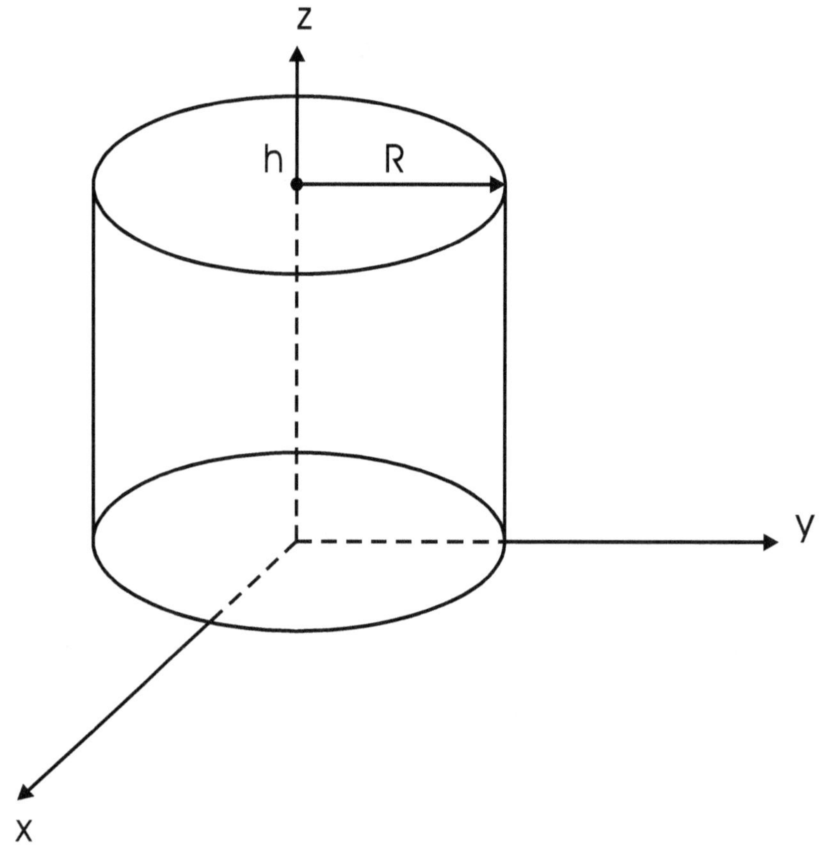

Abbildung 3.9: Kreiszylinder

Weiterhin sei

$$f : \mathbb{R}^3 \to \mathbb{R}$$

$$f : (x, y, z) \mapsto f(x, y, z) = x^2 + y^2 + z^2$$

Unter Verwendung von Zylinder-Koordinaten ist das Dreifach-Integral

$$\iiint\limits_K f(x, y, z)\, dK$$

zu bestimmen.

Lösung 3.13

Die in kartesischen Koordinaten dargestellte Funktion

$$f(x,y,z) = x^2 + y^2 + z^2$$

geht mittels der Zylinder-Koordinaten

$$x = r\cos(\varphi) \quad y = r\sin(\varphi) \quad z = z$$

über in

$$f(r,\varphi,z)$$

wobei sich das Volumenelement zu

$$dK = r\,dz\,d\varphi\,dr$$

ergibt. Aus der Zeichnung ergibt sich für das Integrationsgebiet K

$$K = \{(r,\varphi,z) \mid 0 \le r \le R, 0 \le \varphi \le 2\pi, 0 \le z \le h\}$$

Und damit ergibt sich für die Integration

$$
\iiint\limits_{K} f(x,y,z)dK \;=\; \int\limits_{0}^{R}\int\limits_{0}^{2\pi}\int\limits_{0}^{h}(r^2+z^2)r\,dz\,d\varphi\,dr \;=
$$

$$
=\; \int\limits_{0}^{R}\int\limits_{0}^{2\pi}\int\limits_{0}^{h}(r^3+rz^2)\,dz\,d\varphi\,dr \;=
$$

$$
=\; \int\limits_{0}^{R}\int\limits_{0}^{2\pi}\left[\varphi r^3 h+\varphi r\frac{h^3}{3}\right]_{0}^{2\pi}dr \;=
$$

$$
=\; \int\limits_{0}^{R}\int\limits_{0}^{2\pi}\left[r^3 z+r\frac{z^3}{3}\right]d\varphi\,dr \;=
$$

$$
=\; \int\limits_{0}^{R}\int\limits_{0}^{2\pi}\left(r^3 h+r\frac{h^3}{3}\right)d\varphi\,dr \;=
$$

$$
=\; \int\limits_{0}^{R}\left[\varphi r^3 h+\varphi r\frac{h^3}{3}\right]_{0}^{2\pi}dr \;=
$$

$$
=\; \int\limits_{0}^{R}\left(2\pi r^3 h+2\pi r\frac{h^3}{3}\right)dr \;=
$$

$$
=\; 2\pi h\int\limits_{0}^{R}\left(r^3+\frac{1}{3}rh^2\right)dr \;=
$$

$$
=\; 2\pi h\left[\frac{r^4}{4}+\frac{1}{3}\frac{1}{2}h^2 r^2\right]_{0}^{R} \;=
$$

$$
=\; 2\pi h\left(\frac{R^4}{4}+\frac{1}{6}R^2 h^2\right) \;=
$$

$$
=\; 2\pi h\frac{3R^4+2R^3 h^2}{12} \;=
$$

$$
=\; \frac{1}{6}\pi R^2 h\left(3R^2+2h^2\right) \;=
$$

$$
=\; \frac{1}{2}\pi h R^4+\frac{1}{3}\pi h^3 R^2
$$

Aufgabe 3.14

Betrachtet wird der Kugeloktant

$$K = \left\{(x,y,z) \in \mathbb{R}^3 \mid x \geq 0,\ y \geq 0,\ x^2 + y^2 + z^2 \leq 1\right\}$$

1. Es ist eine übersichtliche Zeichnung anzufertigen.

2. Betrachtet werden die krummlinigen Koordinaten

$$\begin{aligned}
f(r,\varphi,\vartheta) &= r \cdot cos(\varphi) \cdot cos(\vartheta) \\
g(r,\varphi,\vartheta) &= r \cdot sin(\varphi) \cdot cos(\vartheta) \\
h(r,\varphi,\vartheta) &= r \cdot sin(\vartheta)
\end{aligned}$$

Das zugehörige Volumenelement dK ist zu bestimmen.

3. Das Oktanten-Volumen

$$V = \iiint\limits_K d(x,y,z) = \iiint\limits_K dK$$

ist unter Heranziehen der krummlinigen Koordinaten zu bestimmen.

Lösung 3.14

Zu 1.)

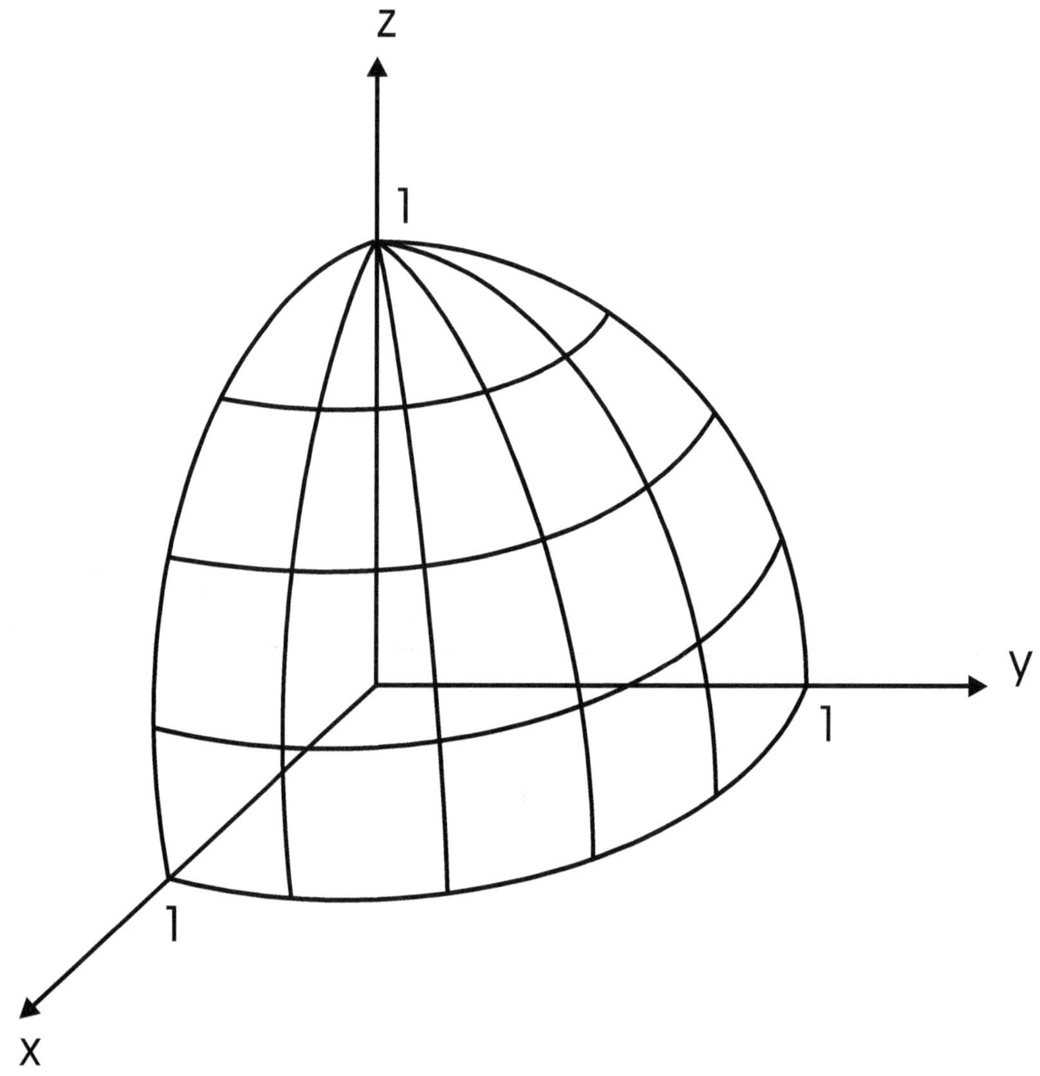

Abbildung 3.10: Kugeloktant K

Zu 2.)

Es gilt zunächst

$$\left|\frac{\partial(f,g,h)}{\partial(r,\varphi,\vartheta)}\right| = \begin{vmatrix} \frac{\partial x}{\partial r} & \frac{\partial x}{\partial \varphi} & \frac{\partial x}{\partial \vartheta} \\ \frac{\partial y}{\partial r} & \frac{\partial y}{\partial \varphi} & \frac{\partial y}{\partial \vartheta} \\ \frac{\partial z}{\partial r} & \frac{\partial z}{\partial \varphi} & \frac{\partial z}{\partial \vartheta} \end{vmatrix}$$

Damit ergibt sich

$$\begin{vmatrix} cos(\varphi)cos(\vartheta) & -rsin(\varphi)cos(\vartheta) & -rsin(\vartheta)cos(\varphi) \\ sin(\varphi)cos(\vartheta) & cos(\varphi)rcos(\vartheta) & -sin(\vartheta)sin(\varphi)r \\ sin(\vartheta) & 0 & rcos(\vartheta) \end{vmatrix} \begin{vmatrix} cos(\varphi)cos(\vartheta) & -rsin(\varphi)cos(\vartheta) \\ sin(\varphi)cos(\vartheta) & rcos(\varphi)cos(\vartheta) \\ sin(\vartheta) & 0 \end{vmatrix}$$

Nach der Regel von Sarrus oder dem Laplaceschen Entwicklungssatz kann die obige 3-reihige Determinante bestimmt werden, d.h.

$$r^2cos(\vartheta)\left[\underbrace{cos^2(\vartheta) + sin^2(\vartheta)}_{=1}\right]$$

Für das zugehörige Volumenentelement ergibt sich

$$dV = r^2cos(\vartheta)drd\varphi d\vartheta$$

Aus der Zeichnung kann folgendes entnommen werden

$$\varphi : 0 \leq \varphi \leq \frac{\pi}{2} \qquad \vartheta : 0 \leq \vartheta \leq \frac{\pi}{2} \qquad r : 0 \leq r \leq 1$$

Unter Berücksichtigung der folgenden Integrationseihenfolgen kann die Dreifachintegration wie folgt vorgenommen werden

$$drd\vartheta d\varphi$$

$$\int_0^{\frac{\pi}{2}}\int_0^{\frac{\pi}{2}}\int_0^1 r^2cos(\vartheta)drd\vartheta d\varphi = \int_0^{\frac{\pi}{2}}\left\{\int_0^{\frac{\pi}{2}}\left\{\int_0^1 r^2cos(\vartheta)dr\right\}d\vartheta\right\}d\varphi =$$

$$= \int_0^{\frac{\pi}{2}}\left\{\int_0^{\frac{\pi}{2}}\frac{1}{3}cos(\vartheta)d\vartheta\right\}d\varphi =$$

$$= \int_0^{\frac{\pi}{2}}\frac{1}{3}d\varphi =$$

$$= \left[\frac{\varphi}{3}\right]_0^{\frac{\pi}{2}} =$$

$$= \frac{\pi}{6}$$

Betrachtet wird die andere Integrationsreihenfolge

$$d\vartheta dr d\varphi$$

$$\int\limits_0^{\frac{\pi}{2}}\int\limits_0^1\int\limits_0^{\frac{\pi}{2}} r^2 cos(\vartheta)\,d\vartheta\,dr\,d\varphi \;=\; \int\limits_0^{\frac{\pi}{2}}\int\limits_0^1 r^2\,dr\,d\varphi =$$

$$= \int\limits_0^{\frac{\pi}{2}} \frac{1}{3}\,d\varphi =$$

$$= \frac{\pi}{6}$$

Die noch mögliche Integrationsreihenfolge

$$d\varphi\,dr\,d\vartheta$$

liefert

$$\int\limits_0^{\frac{\pi}{2}}\int\limits_0^1\int\limits_0^{\frac{\pi}{2}} r^2 cos(\vartheta)\,d\varphi\,dr\,d\vartheta \;=\; \int\limits_0^{\frac{\pi}{2}}\int\limits_0^1 \frac{\pi}{2} r^2 cos(\vartheta)\,dr\,d\vartheta =$$

$$= \int\limits_0^{\frac{\pi}{2}} \frac{\pi}{6} cos(\vartheta)\,d\vartheta =$$

$$= \frac{\pi}{6}$$

Es ist zu ersehen, dass unter Berücksichtigung der Grenzen die Integrationsreihenfolge vertauscht werden kann.

Aufgabe 3.15

Betrachtet werde die Funktion

$$f : \mathbb{R}^3 \to \mathbb{R}$$
$$f : (x, y, z) \mapsto f(x, y, z) = x^2 + y^2$$

Unter Angabe aller Rechenschritte ist mit

$$K = \left\{ (r, \varphi, z) \mid 0 \leq r \leq 1, \quad 0 \leq \varphi \leq 2\pi, \quad \sqrt{r} \leq z \leq 1 \right\}$$

das Integral

$$\iiint\limits_K f(x, y, z)\, dK$$

zu bestimmen.

Lösung 3.15

Der Übergang von der Funktion

$$f : (x, y, z) \mapsto f(x, y, z) = x^2 + y^2$$

in die Zylinder-Koordinaten ergibt sich zu

$$F : (r, \varphi, z) \mapsto F(r, \varphi, z) = r^2$$

Für das Volumenelement ergibt sich

$$dK = r\,dz\,d\varphi\,dr$$

Damit ergibt sich für die Integration

$$\iiint\limits_K f(x, y, z)dK \;=\; \int\limits_0^1 \int\limits_0^{2\pi} \int\limits_{\sqrt{r}}^1 r^2 r\,dz\,d\varphi\,dr =$$

$$= \int\limits_0^1 \int\limits_0^{2\pi} r^3 \left(1 - \sqrt{r}\right) d\varphi\,dr =$$

$$= \int\limits_0^1 r^3 \left(1 - \sqrt{r}\right) [\varphi]_0^{2\pi}\, dr =$$

$$= \int\limits_0^1 r^3 \left(1 - \sqrt{r}\right) 2\pi\,dr =$$

$$= 2\pi \int\limits_0^1 r^3 \left(1 - \sqrt{r}\right) dr =$$

$$= 2\pi \left[\frac{r^4}{4} - \frac{2}{9}\sqrt[2]{r^9}\right]_0^1 =$$

$$= 2\pi \left[\frac{1}{4} - \frac{2}{9}\right] =$$

$$= 2\pi \frac{1}{36} =$$

$$= \frac{1}{18}\pi$$

Aufgabe 3.16

Das schraffierte Flächenstück rotiere um die z-Achse, woraus ein Körper K entsteht.

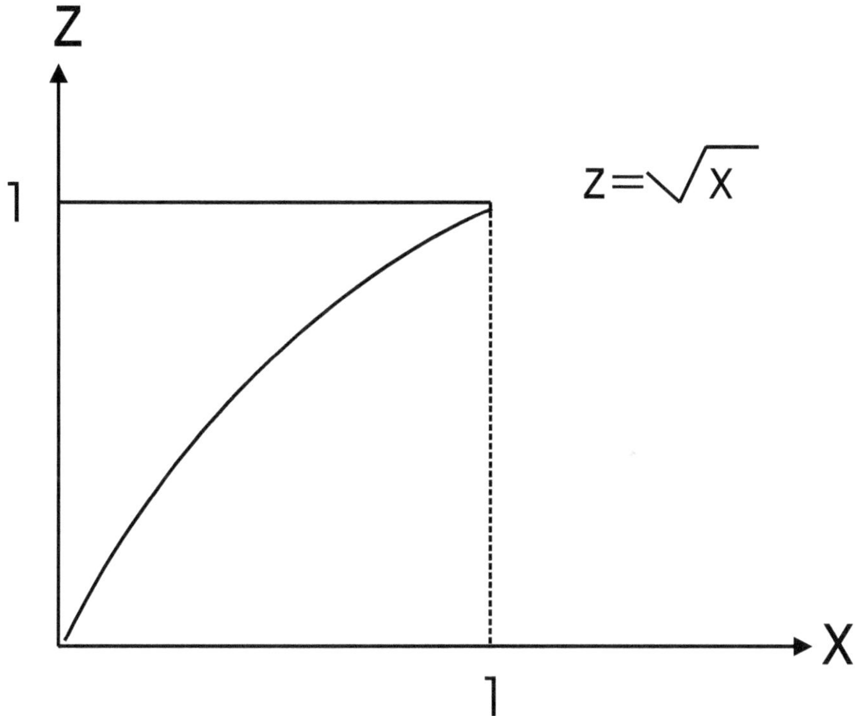

Abbildung 3.11: Flächenstück für den Rotationskörper K

Der Rotationskörper werde durch das System von Ungleichungen

$$K = \left\{(r, \varphi, z) \mid 0 \le \varphi \le 2\pi, \quad 0 \le z \le 1, \quad 0 \le r \le z^2\right\}$$

beschrieben. Das Integral

$$\iiint_K f(x, y, z)\, dK$$

ist zu bestimmen.

Lösung 3.16

Es ergibt sich für das Integral

$$
\iiint\limits_{K} f(x,y,z)\,dK \;=\; \int\limits_{0}^{2\pi}\int\limits_{0}^{1}\int\limits_{0}^{z^2} r\,dr\,dz\,d\varphi =
$$

$$
= \int\limits_{0}^{2\pi}\int\limits_{0}^{1}\left[\frac{r^2}{2}\right]_{0}^{z^2} dz\,d\varphi =
$$

$$
= \int\limits_{0}^{2\pi}\int\limits_{0}^{1}\frac{z^4}{2}\,dz\,d\varphi =
$$

$$
= \int\limits_{0}^{2\pi}\left[\frac{z^5}{10}\right]_{0}^{1} d\varphi =
$$

$$
= \int\limits_{0}^{2\pi}\frac{1}{10}\,d\varphi =
$$

$$
= \frac{1}{10}2\pi =
$$

$$
= \frac{\pi}{5}
$$

Aufgabe 3.17

Betrachtet werde die Funktion
$$f : \mathbb{R}^2 \to \mathbb{R}^3$$
mit
$$f : (x,y) \mapsto f(x,y) = 2 - xy$$
und der Integrationsmenge
$$B = \left\{ (x,y) \in \mathbb{R}^2 \mid 0 \le x \le 2 \wedge 0 \le y \le 3 \right\}$$

1. Zu bestimmen ist
$$V = \iint\limits_{B} f(x,y)\,dx\,dy$$

2. Zu bestimmen ist
$$V = \iint\limits_{B} f(x,y)\,dy\,dx$$

Lösung 3.17

Zu 1.)

Für das Integral ergibt sich

$$V = \iint_B (2 - xy)\,dx\,dy = \int_0^3 \int_0^2 (2 - xy)\,dx\,dy =$$

$$= \int_0^3 \left[2x - \frac{x^2 y}{2} \right]_0^2 dy =$$

$$= \int_0^3 \left[2 \cdot 2 - \frac{4y}{2} \right] dy =$$

$$= \int_0^3 (4 - 2y)\,dy =$$

$$= \left[4y - 2\frac{y^2}{2} \right]_0^3 =$$

$$= \left[4y - y^2 \right]_0^3 =$$

$$= 12 - 9 = 3$$

Zu 2.)

Für das Integral ergibt sich

$$V = \iint\limits_{B} (2 - xy)\,dy\,dx \;=\; \int\limits_{0}^{2} \int\limits_{0}^{3} (2 - xy)\,dy\,dx =$$

$$= \int\limits_{0}^{3} \left[2y - x\frac{y^2}{2} \right]_{0}^{3} dx =$$

$$= \int\limits_{0}^{2} \left[6 - x\frac{9}{2} \right] dx =$$

$$= \left[6x - \frac{9}{2}\frac{x^2}{2} \right]_{0}^{2} =$$

$$= \left[6x - \frac{9}{4}x^2 \right]_{0}^{2} =$$

$$= 12 - 9 = 3$$

Aufgabe 3.18

Betrachtet werde eine Menge $I \subset \mathbb{R}^3$ mit

$$I = \left\{ (x, y, z) \in \mathbb{R}^3 \mid 0 \leq x \leq 1,\ 0 \leq y \leq 2,\ 0 \leq z \leq 1 \right\}$$

und eine Funktion

$$f : \mathbb{R}^3 \to \mathbb{R}$$

$$f : (x, y, z) \mapsto f(x, y, z) = x + y^2 + z^3$$

1. Eine genaue Zeichnung des Integrationsgebietes ist anzufertigen.

2. Zu bestimmen ist das Integral

$$\iiint_I (x + y^2 + z^3)\, d(x, y, z)$$

Lösung 3.18

Zu 1.)

Für das Integrationsgebiet ergibt sich folgende Darstellung.

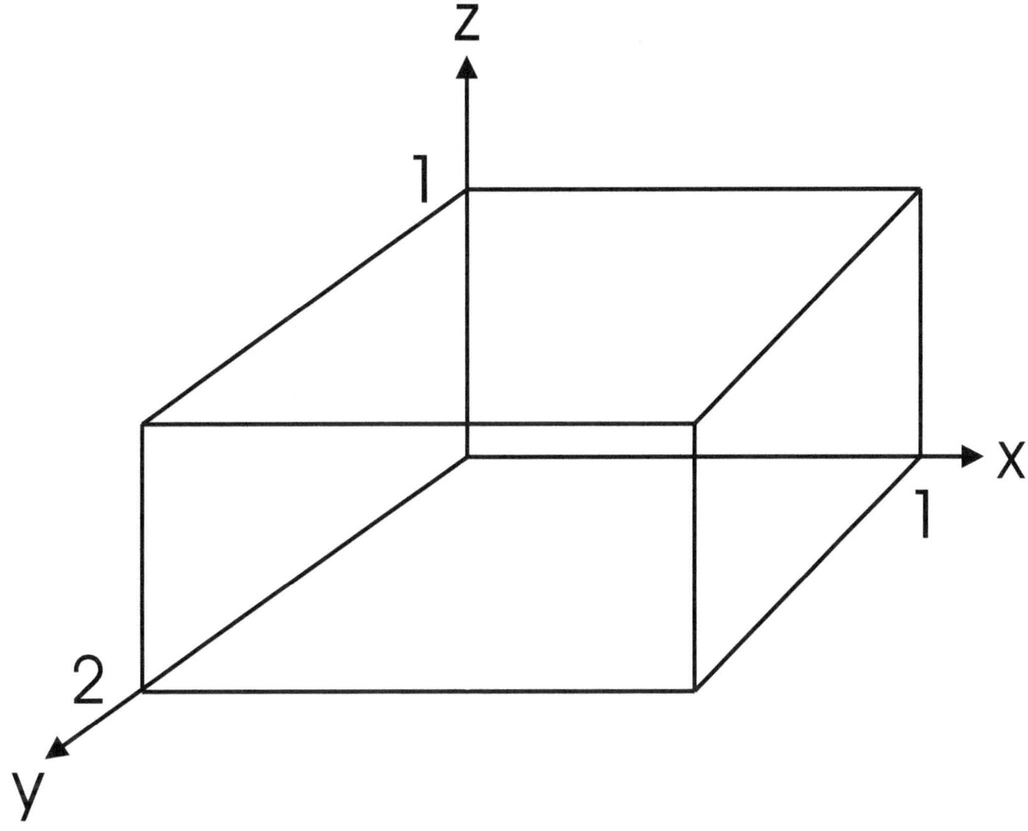

Abbildung 3.12: Integrationsgebiet I

Zu 2.)

Für das Dreifachintegral gilt

$$\iiint_I (x + y^2 + z^3)d(x,y,z) \;=\; \int_0^1 \int_0^2 \int_0^1 (x + y^2 + z^3)dx\,dy\,dz =$$

$$= \int_0^1 \left\{ \int_0^2 \left\{ \int_0^1 (x + y^2 + z^3)dx \right\} dy \right\} dz =$$

$$= \int_0^1 \left\{ \int_0^2 \left\{ \left[\frac{x^2}{2} + xy^2 + xz^3 \right]_0^1 \right\} dy \right\} dz =$$

$$= \int_0^1 \left\{ \int_0^2 \left(\frac{1}{2} + y^2 + z^3 \right) dy \right\} dz =$$

$$= \int_0^1 \left[\frac{1}{2}y + \frac{y^3}{3} + yz^3 \right] dz =$$

$$= \int_0^1 \left(1 + \frac{8}{3} + 2z^3 \right) dz =$$

$$= \int_0^1 \left(\frac{11}{3} + 2z^3 \right) dz =$$

$$= \left[\frac{11}{3}z + 2\frac{z^4}{4} \right]_0^1 =$$

$$= \left[\frac{11}{3}z + \frac{z^4}{2} \right]_0^1 =$$

$$= \frac{11}{3} + \frac{1}{2} =$$

$$= \frac{22 + 3}{6} =$$

$$= \frac{25}{5}$$

Aufgabe 3.19

Ein Körper des Raumes $\mathbb{R}^3$ werde durch die folgenden Intervalle begrenzt

$$0 \le x \le \frac{\pi}{2} \quad x \le y \le 2 \quad 0 \le z \le y$$

Weiterhin werde eine Funktion

$$f : \mathbb{R}^3 \to \mathbb{R}$$

$$f : (x, y, z) \mapsto f(x, y, z) = z\,sin(x) - y$$

betrachtet.

Das nachfolgende Dreifachintegral ist zu bestimmen

$$\int\limits_0^{\frac{\pi}{2}} \int\limits_x^2 \int\limits_0^y [z\,sin(x) - y]\,dz\,dy\,dx$$

Lösung 3.19

$$\int\limits_0^{\frac{\pi}{2}} \int\limits_x^2 \int\limits_0^y [z\,sin(x) - y]\, dz\,dy\,dx \;=\; \int\limits_0^{\frac{\pi}{2}} \int\limits_x^2 \left[\frac{z^2}{2} sin(x) - yz\right]_0^y dy\,dx \;=$$

$$= \int\limits_0^{\frac{\pi}{2}} \int\limits_x^2 \left(\frac{y^2}{2} sin(x) - y^2\right) dy\,dx \;=$$

$$= \int\limits_0^{\frac{\pi}{2}} \left[\frac{y^3}{6} sin(x) - \frac{y^3}{3}\right]_x^2 dx \;=$$

$$= \int\limits_0^{\frac{\pi}{2}} \left(\frac{8}{6} sin(x) - \frac{8}{6} - \frac{x^3}{6} sin(x) + \frac{x^3}{3}\right) dx \;=$$

$$= \frac{8}{6} [-cos(x)]_0^{\frac{\pi}{2}} - \frac{8}{6} [x]_0^{\frac{\pi}{2}} - \frac{1}{6} \left[(3x^2 - 6)sin(x) - (x^3 - 6x)cos(x)\right]$$

$$+ \frac{1}{3} \left[\frac{x^4}{4}\right]_0^{\frac{\pi}{2}} \;=$$

$$= \frac{8}{6} [0 + 1] - \frac{8}{6} \cdot \frac{\pi}{2} -$$

$$\frac{1}{6} \left[\left(3 \cdot \frac{\pi^2}{4} - 6\right) sin\left(\frac{\pi}{2}\right) - \left(\frac{\pi^3}{8} - 3\pi\right) cos\left(\frac{\pi}{2}\right)\right] + \frac{1}{3}\frac{1}{4}\frac{\pi^2}{16} \;=$$

$$= \frac{8}{6} - \frac{4\pi}{3} - \frac{1}{6} \left[\frac{3\pi^2}{4} - 6\right] + \frac{\pi^4}{192} \;=$$

$$= \frac{8}{6} - \frac{4}{3}\pi - \frac{\pi^2}{8} + 1 + \frac{\pi^4}{192} \;=$$

$$= \frac{14}{6} - \frac{4}{3}\pi - \frac{\pi^2}{8} + \frac{\pi^4}{192}$$

Aufgabe 3.20

Betrachtet werde das Doppelintegral

$$J = \int\limits_{0}^{1} \int\limits_{3y}^{3} e^{x^2}\,dx\,dy$$

wobei zu berücksichtigen ist, dass

$$\int e^{x^2}\,dx$$

keine elementare Funktion darstellt.

1. Es ist eine ausführliche Zeichnung des Integrationsgebietes anzufertigen.

2. Das Integral J ist zu bestimmen.

Lösung 3.20

Zu 1.)

In der folgenden Zeichnung wird das Integrationsgebiet

$$0 \leq y \leq \frac{x}{3} \quad \text{und} \quad 0 \leq x \leq 3$$

dargestellt

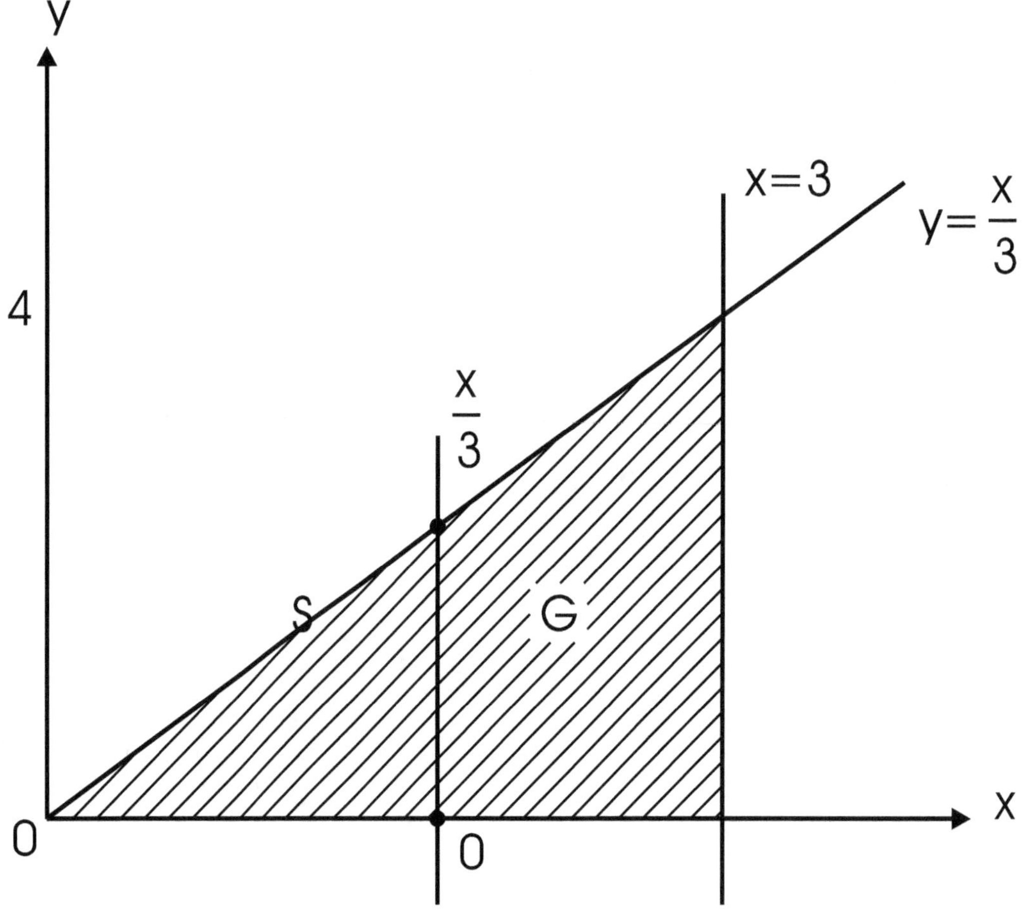

Abbildung 3.13: Integrationsgebiet

Zu 2.)

Für die Integrationsgrenzen ergibt sich

$$y = 0 \quad \Rightarrow \quad y = \frac{x}{3}$$

$$x = 0 \quad \Rightarrow \quad x = 3$$

Damit ergibt sich für die Integration

$$\int\limits_0^1 \int\limits_{3y}^3 e^{x^2}\,dx\,dy \;=\; \int\limits_0^1 \left\{ \int\limits_{3y}^3 \underbrace{e^{x^2}}_{\text{Keine elementare Funktion}} dx \right\} dy =$$

$$=\; \int\limits_0^3 \left\{ \int\limits_0^{\frac{x}{3}} e^{x^2}\,dy \right\} dx =$$

$$=\; \int\limits_0^3 e^{x^2} \, [y]_0^{\frac{x}{3}} \, dx =$$

$$=\; \frac{1}{3} \int\limits_0^3 e^{x^2} x\,dx =$$

$$=\; \left[\frac{1}{6} e^{x^2} \right]_0^3 =$$

$$=\; \frac{1}{6}(e^9 - 1)$$

Aufgabe 3.21

Die folgenden Integrale sind zu bestimmen

1.

$$\int\limits_0^1 \int\limits_0^{1-x} \int\limits_0^{2-x} xyz\,dz\,dy\,dx$$

2.

$$\int\limits_0^{\frac{\pi}{2}} \int\limits_0^1 \int\limits_0^2 z\rho^2 sin(\theta)\,dz\,d\rho\,d\theta$$

Lösung 3.21

Zu 1.)

Es gilt

$$\int_0^1 \left\{ \int_0^{1-x} \left\{ \int_0^{2-x} xyz\, dz\, dy \right\} dx \right. = \int_0^1 \left\{ \int_0^{1-x} \left[\frac{xyz^2}{2} \right]_{z=0}^{z=2-x} \right\} dy dx =$$

$$= \int_0^1 \left\{ \frac{xy(2-x)^2}{2} dy \right\} dx =$$

$$= \int_0^1 \left[\frac{xy^2(2-x)^2}{4} \right]_{y=0}^{y=1-x} dx =$$

$$= \frac{1}{4} \int_0^1 (4x - 12x^2 + 13x^3 - 6x^4 + x^5) dx =$$

$$= \frac{13}{240}$$

Zu 2.)

Es gilt

$$\int_0^{\frac{\pi}{2}} \int_0^1 \int_0^2 z\rho^2 \sin(\theta)\, dz\, d\theta = \int_0^{\frac{\pi}{2}} \int_0^1 \left[\frac{z^2}{2} \right]_0^2 \rho^2 \sin(\theta) d\theta =$$

$$= 2 \int_0^{\frac{\pi}{2}} \int_0^1 \rho^2 \sin(\theta)\, d\rho\, d\theta =$$

$$= \frac{2}{3} \int_0^{\frac{\pi}{2}} \left[\rho^2 \right]_0^1 \sin(\theta) d\theta =$$

$$= \left[-\frac{2}{3} \cos(\theta) \right]_0^{\frac{\pi}{2}} =$$

$$= \frac{2}{3}$$

4 Vektoranalysis

Aufgabe 4.1

Die folgenden Kurvenintegrale des Typs

$$\int_C \vec{V}\,d\vec{r}$$

sind längs der jeweils angegebenen Kurve C zu bestimmen.

1. Betrachtete werde das Vektorfeld

$$\vec{V} = (y - x)\vec{e_1} + y\vec{e_2}$$

mit

$$x = \varphi_1(t) = t^2,\, y = \varphi_2(t) = t$$

und

$$0 \leq t \leq 1$$

2. Betrachtet werde das Vektorfeld

$$\vec{V} = (y + z)\vec{e_1} + (z + x)\vec{e_2} + (x + y)\vec{e_3}$$

mit

$$x = \varphi_1(t) = t,\, y = \varphi_2(t) = t^2,\, z = \varphi_3(t) = t^3$$

und

$$0 \leq t \leq 1$$

Lösung 4.1

Zu 1.)

Für das Vektorfeld
$$\vec{V}(x,y) = (y - x, y)$$
gilt mit den beiden Kurvenkomponenten
$$x = \varphi_1(t) = t^2 \qquad y = \varphi_2(t) = t$$
$$\vec{V}\left(\vec{r}(t)\right) = \left(t - t^2, t\right)$$
und für die Kurve und ihre Ableitung nach t
$$\vec{r}(t) = (t^2, t) \ \Rightarrow \ \vec{r}\,'(t) = (2t, 1)$$
Damit ergibt sich für das Kurvenintegral
$$\int_C (y - x)dx + ydy \ = \ \int_C \vec{V}\left(\vec{r}(t)\right)\vec{r}\,'(t)dt =$$
$$= \ \int_0^1 (t - t^2, t)(2t, 1)dt = \int_0^1 (2t^2 - 2t^3 + t)dt =$$
$$= \ 2\int_0^1 t^2 dt - 2\int_0^1 t^3 dt + \int_0^1 t\,dt =$$
$$= \ 2\left[\frac{t^3}{3}\right]_0^1 - 2\left[\frac{t^4}{4}\right]_0^1 + \left[\frac{t^2}{2}\right]_0^1 =$$
$$= \ 2\cdot\frac{1}{3} - 2\cdot\frac{1}{4} + \frac{1}{2} =$$
$$= \ \frac{2}{3} - \frac{1}{2} + \frac{1}{2} =$$
$$= \ \frac{2}{3}$$

Zu 2.)

Für das Vektorfeld

$$\vec{V}(x, y, z) = (y + z, z + x, x + y)$$

gilt

$$\vec{V}(\vec{r}(t)) = \left(t^2 + t^3, t^3 + t, t + t^2\right)$$

und für die Kurve und ihre Ableitung nach t

$$\vec{r}(t) = (t, t^2, t^3) \;\Rightarrow\; \vec{r}\,'(t) = (1, 2t, 3t^2)$$

Damit ergibt sich für das Kurvenintegral

$$\int_C (y + z)dx + (z + x)dy + (x + y)dz \;=\; \int_C \vec{V}(\vec{r}(t))\,\vec{r}\,'(t)dt =$$

$$= \int_0^1 (t^2 + t^3, t^3 + t, t + t^2)(1, 2t, 3t^2)dt =$$

$$= \int_0^1 \left(t^2 + t^3 + 2t^4 + 2t^2 + 3t^3 + 3t^4\right) dt =$$

$$= \int_0^1 \left(5t^4 + 4t^3 + 3t^2\right) dt =$$

$$= 5\left[\frac{t^5}{5}\right]_0^1 + 4\left[\frac{t^4}{4}\right]_0^1 + 3\left[\frac{t^3}{3}\right]_0^1 =$$

$$= 1 + 1 + 1 =$$

$$= 3$$

Aufgabe 4.2

Die Kurve K sei definiert durch

$$K : x = \varphi_1(t) = \cos(t), y = \varphi_2(t) = \sin(t) \quad \text{und} \quad t \in [0, \pi]$$

Das Kurvenintegral

$$\int_K (y^2 dx + x^2 dy)$$

ist zu bestimmen.

Lösung 4.2

Das Vektorfeld

$$\vec{V}(x,y) = (y^2, x^2)$$

liefert an der Stelle der Kurve

$$\vec{V}(\vec{r}(t)) = (sin^2(t), cos^2(t))$$

Für die Kurve und ihre Ableitung ergibt sich

$$\vec{r}(t) = (cos(t), sin(t)) \quad \vec{r}\,'(t) = (-sin(t), cos(t))$$

Damit ergibt sich für das Integral

$$\int_K (y^2 dx + x^2 dy) = \int_K \vec{V}(\vec{r}(t))\, \vec{r}\,'(t) dt =$$

$$= \int_0^\pi \left[sin^2(t), cos^2(t) \right] (-sin(t), cos(t)) dt =$$

$$= \int_0^\pi \left[-sin^3(t) + cos^3(t) \right] dt =$$

$$= -\int_0^\pi sin^3(t) dt + \int_0^\pi cos^3(t) dt =$$

$$= -\left[-cos(t) + \frac{1}{3} cos^3(t) \right]_0^\pi + \left[sin(t) - \frac{1}{3} sin^3(t) \right]_0^\pi =$$

$$= -\left[1 + \frac{1}{3}(-1) - -1 + \frac{1}{3} \cdot 1 \right] + [0 - 0 - 0 + 0] =$$

$$= -\left[1 - \frac{1}{3} + 1 - \frac{1}{3} \right] =$$

$$= -\left[\frac{4}{3} \right] =$$

$$= -\frac{4}{3}$$

Aufgabe 4.3

Das Kurvenintegral

$$\int_K (y\,dx + z\,dy + x\,dz)$$

ist für

$$K : x = \varphi_1(t) = \cos(t), y = \varphi_2(t) = \sin(t), z = \varphi_3(t) = t \text{ und } t \in [0, 2\pi]$$

zu bestimmen.

Lösung 4.3

Die Kurvendarstellung und ihre Ableitung ergeben sich zu

$$\vec{r}(t) = (cos(t), sin(t), t) \;\Rightarrow\; \vec{r}\,'(t) = (-sin(t), cos(t), 1) \quad \text{für} \quad t \in [0, 2\pi]$$

Damit ergibt sich für das Vektorfeld

$$\vec{V}(x, y, z) = (y, z, x)$$

an der Stelle der Kurve

$$\vec{V}(\vec{r}(t)) = (sin(t), t, cos(t))$$

Für das Integral gilt

$$
\begin{aligned}
\int_K (y\,dx + z\,dy + x\,dz) \;&=\; \int_K \vec{V}(\vec{r}(t))\,\vec{r}\,'(t)\,dt = \\[2mm]
&=\; \int_0^{2\pi} (sin(t), t, cos(t))(-sin(t), cos(t), 1)\,dt = \\[2mm]
&=\; \int_0^{2\pi} \left[-sin^2(t) + t\,cos(t) + cos(t) \right] dt = \\[2mm]
&=\; -\int_0^{2\pi} sin^2(t)\,dt + \int_0^{2\pi} t\,cos(t)\,dt + \int_0^{2\pi} = \\[2mm]
&=\; \left[-\frac{1}{2}t + \frac{1}{4}sin(2t) + cos(t) + t\,sin(t) + sin(t) \right]_0^{2\pi} = \\[2mm]
&=\; -\frac{1}{2}2\pi + \frac{1}{4}sin(4\pi) + cos(2\pi) + 2(2\pi) + sin(2\pi) - 1 = \\[2mm]
&=\; -\pi + 1 - 1 = -\pi
\end{aligned}
$$

Aufgabe 4.4

Das Kurvenintegral

$$\int_K [(x^2 - y)dx + (y^2 + x)dy]$$

ist für

1. die Strecke zwischen (0,1) und (1,2)

2. die Parabel mit der Gleichung

$$P : x = \varphi_1(t) = t, y = \varphi_2(t) = t^2 + 1 \quad \text{und} \quad t \in [0, 1]$$

zu berechnen.

Lösung 4.4

Zu 1.)

Betrachtet wird die Strecke zwischen den Punkten (0,1) und (1,2), welche durch die nebenstehende Zeichung zunächst verdeutlicht wird.

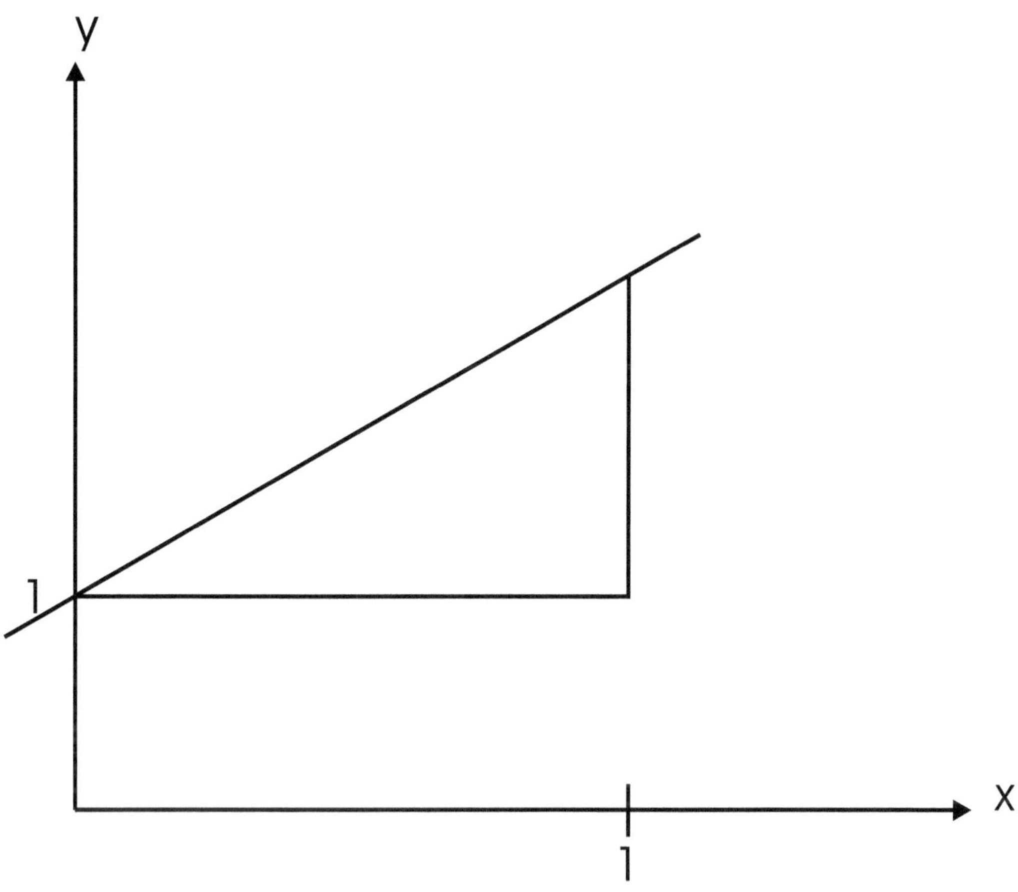

Abbildung 4.1: Gerade zwischen (0,1)und (1,2)

Hieraus ist zu ersehen, dass sich die Geradengleichung zu

$$y = x + 1$$

ergibt. Die Ableitung liefert

$$\frac{d}{dx}y = 1 \ \Rightarrow \ dx = dy$$

Zum Erstellen der Parameterdarstellung werden zunächst die beiden Ortsvektoren

$$\vec{a} = \begin{pmatrix} 0 \\ 1 \end{pmatrix}, \quad \vec{b} = \begin{pmatrix} 1 \\ 2 \end{pmatrix}$$

betrachtet. Diese werden in die allgemeine Vektorgleichung einer Geraden

$$\vec{r}(t) = \vec{a} + t(\vec{b} - \vec{a})$$

eingesetzt. Damit ergibt sich

$$\vec{r} = \begin{pmatrix} 0 \\ 1 \end{pmatrix} + t\left[\begin{pmatrix} 1 \\ 2 \end{pmatrix} - \begin{pmatrix} 0 \\ 1 \end{pmatrix} \right] =$$

$$= \begin{pmatrix} 0 \\ 1 \end{pmatrix} + t \begin{pmatrix} 1 \\ 1 \end{pmatrix} =$$

$$= \begin{pmatrix} t \\ 1+t \end{pmatrix}$$

Die Parameterform ergibt sich daraus abgelesen zu

$$x = \varphi_1(t) = t, \quad y = \varphi_2(t) = 1 + t, \quad 0 \leq t \leq 1$$

Damit gilt weiter

$$\vec{r}(t) = (t, 1 + t) \qquad \vec{r}\,'(t) = (1, 1)$$

Das Integral kann, wie folgt, geschrieben werden

$$\int_K [(x^2 - y)dx + (y^2 + x)dy] = \int_x^1 \left[x^2 - (x+1) \right] dx + \left[(x+1)^2 + x \right] dx =$$

$$= \int_0^1 (2x^2 + 2x)dx =$$

$$= 2 \int_0^1 x^2 dx + 2 \int_0^1 x\, dx =$$

$$= 2 \left[\frac{x^3}{3} \right]_0^1 + 2 \left[\frac{x^2}{2} \right]_0^1 =$$

$$= \frac{2}{3} + 1 =$$

$$= \frac{5}{3}$$

Zu 2.)

Aus der Parameterdarstellung

$$x = \varphi_1(t) = t, \quad y = \varphi_2(t) = t^2 + 1 \quad \text{für} \quad t \in [0,1]$$

der Parabel ergibt sich

$$\vec{r}(t) = (t, t^2 + 1) \qquad \vec{r}\,'(t) = (1, 2t)$$

und damit für die Integration

$$\int_K [(x^2 - y)dx + (y^2 + x)dy] \;=\; \int_K \vec{V}(\vec{r}(t))\vec{r}\,'(t)dt =$$

$$= \int_0^1 \left(t^2 - (t^2 + 1), (t^2 + 1)^2 + t\right)(1, 2t)dt =$$

$$= \int_0^1 (-1, t^4 + 2t^2 + 1 + t)(1, 2t)dt =$$

$$= \int_0^1 (-1 + 2t^5 + 4t^3 + 2t^2 + 2t)dt =$$

$$= \int_0^1 (2t^5 + 4t^3 + 2t^2 + 2t - 1) =$$

$$= 2\int_0^1 t^5 dt + 4\int_0^1 t^3 dt + 2\int_0^1 t^2 dt + 2\int_0^1 t\,dt - \int_0^1 dt =$$

$$= 2\left[\frac{t^6}{6}\right]_0^1 + 4\left[\frac{t^4}{4}\right]_0^1 + 2\left[\frac{t^3}{3}\right]_0^1 + 2\left[\frac{t^2}{2}\right]_0^1 - [t]_0^1 =$$

$$= \frac{2}{6} + 1 + \frac{2}{3} + 1 - 1 =$$

$$= 2$$

Aufgabe 4.5

Für den Weg mit der Darstellung

$$K : x = t, y = t^2, \quad 0 \leq t \leq 1$$

ist das Kurvenintegral

$$\int_K (x\cos(y)dx + e^y dy)$$

zu berechnen.

Lösung 4.5

Für die Kurve gilt

$$\vec{r}(t) = (t, t^2) \;\Rightarrow\; \vec{r}\,'(t) = (1, 2t) \quad 0 \le t \le 1$$

damit gilt für das Integral

$$\int_K \left(x\cos(y)dx + e^y dy \right) \;=\; \int_0^1 \left(t\cos(t^2), e^{t^2} \right) (1, 2t)\, dt =$$

$$=\; \int_0^1 \left(t\cos(t^2) + 2t e^{t^2} \right) dt =$$

$$=\; \int_0^1 t\cos(t^2)dt + \int_0^1 2t e^{t^2}\, dt =$$

$$=\; \int_0^1 t\cos(z)\frac{dz}{2t} + \int_0^1 2t e^z \frac{dz}{2t} = (\star)$$

Dabei kommt die folgende Substitution zur Anwendung

$$z := t^2 \;\Rightarrow\; \frac{dz}{dt} = 2t \;\Rightarrow\; dt = \frac{dz}{2t} \quad z_1 = 0, \quad z_2 = 1$$

Damit gilt weiter für die Integration

$$(\star) \;=\; \frac{1}{2}\int_0^1 \cos(z)dz + \int_0^1 e^z dz =$$

$$=\; \frac{1}{2}\left[\sin(z) \right]_0^1 + \left[e^z \right]_0^1 =$$

$$=\; \frac{1}{2}\left[\sin(1) - \sin(0) \right] + e^1 - e^0 =$$

$$=\; \frac{1}{2}\sin(1) + e - 1 =$$

$$=\; \frac{1}{2} \cdot 0{,}84 + 1{,}71 =$$

$$=\; 0{,}42 + 1{,}71 =$$

$$=\; 2{,}13$$

Aufgabe 4.6

Für die Wege

$$K_1 : x = t, y = t \quad \text{für} \quad 0 \leq t \leq 1$$

und

$$K_2 : x = t^2, y = t \quad \text{für} \quad 0 \leq t \leq 1$$

sind die folgenden Kurvenintegrale

$$\int_{K_i} \left(\frac{y}{1 + xy} dx + \frac{x}{1 + xy} dy \right)$$

für i=1,2 zu bestimmen.

Lösung 4.6

Für die erste Kurve gilt

$$K_1 : x = t, y = t \quad \text{für} \quad 0 \le t \le 1$$

und damit die Kurve in Vektorschreibweise

$$\vec{r}(t) = (t, t) \qquad \vec{r}\,'(t) = (1, 1)$$

Die Integration liefert

$$\int_{K_1} \left(\frac{y}{1 + xy} dx + \frac{x}{1 + xy} dy \right) = \int_{K_1} \vec{V}(\vec{r}(t))\vec{r}\,'(t)dt =$$

$$= \int_0^1 \left(\frac{t}{1 + t^2}, \frac{t}{1 + t^2} \right) (1, 1)dt =$$

$$= \int_0^1 \left(\frac{t}{1 + t^2} + \frac{t}{1 + t^2} \right) dt =$$

$$= \int_0^1 \frac{2t}{1 + t^2} dt =$$

$$= ln(1 + t^2)\Big|_0^1 =$$

$$= ln(2)$$

Für die zweite Kurve gilt

$$K_2 : x = t^2, y = t \quad \text{für} \quad 0 \le t \le 1$$

und damit

$$\vec{r}(t) = (t^2, t) \qquad \vec{r}\,'(t) = (2t, 1)$$

Die Integration liefert

$$\int_{K_2}\left(\frac{y}{1+xy}dx+\frac{x}{1+xy}dy\right) = \int_{K_2}\vec{V}(\vec{r}(t))\vec{r}\,'(t)dt =$$

$$= \int_0^1\left(\frac{t}{1+t^3},\frac{t^2}{1+t^3}\right)(2t,1)dt =$$

$$= \int_0^1\left(\frac{2t^2}{1+t^3}+\frac{t^2}{1+t^3}\right)dt =$$

$$= \int_0^1\frac{3t^2}{1+t^3}dt =$$

$$= ln(1+t^3)\Big|_0^1 =$$

$$= ln(2)$$

Aufgabe 4.7

Für den geschlossenen Weg mit der Darstellung

$$K : x = cos(t), y = sin(t), \quad 0 \leq t \leq 2\pi$$

ist das folgende Kurvenintegral

$$\int_K (2xy\,dx + x^2\,dy)$$

zu berechnen.

Lösung 4.7

Für den Weg ergibt sich zunächst

$$\vec{r}(t) = (cos(t), sin(t)) \;\Rightarrow\; \vec{r}\,'(t) = (-sin(t), cos(t)) \quad \text{für} \quad 0 \le t \le 2\pi$$

Für die Integration ergibt sich

$$\int_K (2xy\,dx + x^2\,dy) \;=\; \int_K \vec{V}(\vec{r}(t))\vec{r}\,'(t)\,dt =$$

$$= \int_0^{2\pi} (2cos(t)sin(t), cos^2(t)) \cdot (-sin(t), cos(t))\,dt =$$

$$= \int_0^{2\pi} \left[-2sin^2(t)cos(t) + cos^3(t) \right] dt =$$

$$= -2\int_0^{2\pi} sin^2(t)cos(t)\,dt + \int_0^{2\pi} cos^3(t)\,dt =$$

$$= -2\left[\frac{1}{3}sin^3(t) \right]_0^{2\pi} + \left[sin(t) - \frac{1}{3}sin^3(t) \right]_0^{2\pi} =$$

$$= -2\left[\frac{1}{3}sin^3(2\pi) - \frac{1}{3}sin^3(0) \right] +$$

$$+ \left[sin(2\pi) - \frac{1}{3}sin^3(2\pi) - sin(0) + \frac{1}{3}sin^3(0) \right] =$$

$$= 0$$

Aufgabe 4.8

Betrachtet werde ein dreidimensionales Vektorfeld

$$\vec{V} : \mathbb{R}^3 \to \mathbb{R}^3$$

$$\vec{V} : (v_1, v_2, v_3) \mapsto \vec{V}(v_1, v_2, v_3)$$

Es ist zu beweisen, dass

$$div \; rot \; \vec{V}(v_1, v_2, v_3) = 0$$

Lösung 4.8

Annahme:
Das Vektorfeld $\vec{V}(v_1, v_2, v_3)$ habe stetige zweite partielle Ableitungen, dann kann die Reihenfolge der Ableitungen vertauscht werden.

Es gilt

$$div \ rot \ \vec{V} \ = \ \vec{\nabla} \cdot (\vec{\nabla} \times \vec{V}) =$$

$$= \ \vec{\nabla} \cdot \begin{vmatrix} \vec{e}_1 & \vec{e}_2 & \vec{e}_3 \\ \frac{\partial}{\partial x} & \frac{\partial}{\partial y} & \frac{\partial}{\partial z} \\ v_1 & v_2 & v_3 \end{vmatrix} =$$

$$= \ \vec{\nabla} \cdot \left\{ \left[\frac{\partial v_3}{\partial y} - \frac{\partial v_2}{\partial z} \right] \vec{e}_1 + \left[\frac{\partial v_1}{\partial z} - \frac{\partial v_3}{\partial x} \right] \vec{e}_2 + \left[\frac{\partial v_2}{\partial x} - \frac{\partial v_1}{\partial y} \right] \vec{e}_3 \right\} =$$

$$= \ \frac{\partial}{\partial x} \left[\frac{\partial v_3}{\partial y} - \frac{\partial v_2}{\partial z} \right] + \frac{\partial}{\partial y} \left[\frac{\partial v_1}{\partial z} - \frac{\partial v_3}{\partial x} \right] + \frac{\partial}{\partial z} \left[\frac{\partial v_2}{\partial x} - \frac{\partial v_1}{\partial y} \right] =$$

$$= \ \frac{\partial^2 v_3}{\partial x \partial y} - \frac{\partial^2 v_2}{\partial x \partial z} + \frac{\partial^2 v_1}{\partial y \partial z} - \frac{\partial^2 v_3}{\partial y \partial x} + \frac{\partial^2 v_2}{\partial z \partial x} - \frac{\partial^2 v_1}{\partial z \partial y} =$$

$$= \ 0$$

Aufgabe 4.9

Betrachtet wird das Vektorfeld

$$\vec{V} : \mathbb{R}^3 \to \mathbb{R}^3$$

$$\vec{V}(x, y, z) = \left(1 + \frac{x}{y}, 1 - \frac{y}{x}, 2 - \sqrt{z}\right)$$

1. Es ist der Rotor rot $\vec{V}$ zu bestimmen.

2. Das Linienintegral ist längs der Kurve

$$C : \vec{r}(t) = (cosh(t), sinh(t), t^2)$$

zwischen den Punkten $P_1(t_1 = 1)$ und $P_2(t_2 = 2)$ zu bestimmen.

3. Die Divergenz von $\vec{V}$ ist im Punkt P_1 anzugeben.

Lösung 4.9

Zu 1.)

$$\operatorname{rot}\vec{V} = \left(\frac{\partial}{\partial y}v_3 - \frac{\partial}{\partial z}v_2, \frac{\partial}{\partial z}v_1 - \frac{\partial}{\partial x}v_3, \frac{\partial}{\partial x}v_2 - \frac{\partial}{\partial y}v_1\right) =$$

$$= \left(0 - 0, 0 - 0, \frac{y}{x^2} + \frac{x}{y^2}\right) =$$

$$= \left(0, 0, \frac{y}{x^2} + \frac{x}{y^2}\right) =$$

$$= \left(0, 0, \frac{x^3 + y^3}{x^2 y^2}\right)$$

Zu 2.)

Betrachtet wird die Kurve C mit

$$\vec{r}(t) = (cosh(t), sinh(t), t^2) \;\Rightarrow\; \vec{r}\,'(t) = (sinh(t), cosh(t), 2t) = \frac{d}{dt}\vec{r}(t)$$

Mit

$$d\vec{r}(t) = \vec{r}\,'(t)dt \quad \text{für} \quad 1 \le t \le 2$$

ergibt sich für das Integral

$$\int\limits_C \vec{V}d\vec{r}(t) = \int\limits_{t_1}^{t_2} \vec{V}(\vec{r}(t))\vec{r}\,'(t)dt =$$

$$= \int\limits_1^2 \left(1 + \frac{cosh(t)}{sinh(t)}, 1 - \frac{sinh(t)}{cosh(t)}, 2 - t\right) \cdot (sinh(t), cosh(t), 2t)dt =$$

$$= \int\limits_1^2 \left[sinh(t) + cosh(t) + cosh(t) - sinh(t) + 4t - 2t^2\right] dt =$$

$$= \int\limits_1^2 \left(2cosh(t) + 4t - 2t^2\right) dt = \left[2sinh(t) + 2t^2 - \frac{2}{3}t^3\right]_1^2 =$$

$$= 2sinh(2) + 8 - \frac{2}{3}\cdot 8 - 2sinh(1) - 2 + \frac{2}{3} = 6,2366$$

Alternativ, d.h. ohne Taschenrechner, kann die folgende Bestimmung des Wertes vorgenommen werden

$$2\left[\sinh(2) - \sinh(1)\right] + 6 - \frac{14}{3} \ = \ 2\left[\frac{e^4 - e}{2e^2} - \frac{e^2 - 1}{2e}\right] + \frac{4}{3} =$$

$$= \ \frac{e^4 - e}{e^2} - \frac{e^2 - 1}{e} + \frac{4}{3} = \frac{3(e^4 - e) - 3e(e^2 - 1) + 4e^2}{3e^2}$$

Zu 3.)

Für die Divergenz gilt:

$$\operatorname{div} \vec{V} \ = \ \frac{\partial}{\partial x} v_1 + \frac{\partial}{\partial y} v_2 + \frac{\partial}{\partial z} v_3 =$$

$$= \ \frac{\partial}{\partial x}\left(1 + \frac{x}{y}\right) + \frac{\partial}{\partial y}\left(1 - \frac{y}{x}\right) + \frac{\partial}{\partial z}\left(2 - \sqrt{z}\right) =$$

$$= \ \frac{1}{y} - \frac{1}{x} - \frac{1}{2\sqrt{z}}$$

Für den Punkt $P_1(t_1 = 1)$ gilt

$$P_1(t_1 = 1) = \vec{r}(t_1 = 1) = (\cosh(1), \sinh(1), 1)$$

und damit

$$x = \cosh(1) = \frac{e + e^{-1}}{2} = \frac{e^2 + 1}{2e} \qquad y = \sinh(1) = \frac{e - e^{-1}}{2} = \frac{e^2 - 1}{2e}$$

Damit gilt dann weiter

$$\operatorname{div} \vec{V}(x, y, z) \ = \ \frac{1}{\frac{e^2 - 1}{2e}} - \frac{1}{\frac{e^2 + 1}{2e}} - \frac{1}{2} =$$

$$= \ \frac{2e}{e^2 - 1} - \frac{2e}{e^2 + 1} - \frac{1}{2} =$$

$$= \ \frac{2e2(e^2 + 1) - 2e2(e^2 - 1) - (e^2 - 1)(e^2 + 1)}{2(e^2 - 1)(e^2 + 1)} =$$

$$= \ \frac{4e(e^2 + 1) - 4e(e^2 - 1) - (e^2 - 1)(e^2 + 1)}{2(e^2 - 1)(e^2 + 1)} =$$

$$= \ \frac{4e(e^2 + 1 - e^2 + 1) - (e^2 - 1)(e^2 + 1)}{2(e^2 - 1)(e^2 + 1)} =$$

$$= \ \frac{8e - (e^2 - 1)(e^2 + 1)}{2(e^2 - 1)(e^2 + 1)} =$$

$$= \ -0,297...$$

Aufgabe 4.10

Betrachtet wird das Vektorfeld

$$\vec{F}(x,y,z) = (y,x,-z) \cdot \frac{x \cdot y}{z}$$

1. Es ist

$$\vec{G}(x,y,z) = \operatorname{grad}\,\operatorname{div}\vec{F}(x,y,z)$$

   zu bestimmen.

2. Zu bestimmen ist

$$\operatorname{rot}\vec{F}(x,y,z)$$

3. Die Divergenz ist in den Punkten A(-1-1,-1) und B(1,1,1) anzugeben.

Lösung 4.10

Zu 1.)

Über die Definition der Divergenz ergibt sich:

$$
\begin{aligned}
div\ \vec{F} &= \frac{\partial}{\partial x} f_1(x,y,z) + \frac{\partial}{\partial y} f_2(x,y,z) + \frac{\partial}{\partial z} f_3(x,y,z) = \\
&= \frac{\partial}{\partial x}\left(\frac{xy^2}{z}\right) + \frac{\partial}{\partial y}\left(\frac{x^2 y}{z}\right) + \frac{\partial}{\partial z}\left(-xy\right) = \\
&= \frac{y^2}{z} + \frac{x^2}{z} = \\
&= \frac{x^2 + y^2}{z}
\end{aligned}
$$

Bei der Divergenz handelt es sich um eine reelle Zahl.

$$
\begin{aligned}
grad\ \frac{x^2 + y^2}{z} &= \left(\frac{\partial}{\partial x}\left(\frac{x^2 + y^2}{z}\right), \frac{\partial}{\partial y}\left(\frac{x^2 + y^2}{z}\right), \frac{\partial}{\partial z}\left(\frac{x^2 + y^2}{z}\right)\right) = \\
&= \left(\frac{2x}{z}, \frac{2y}{z}, -\frac{x^2 + y^2}{z^2}\right)
\end{aligned}
$$

Beim Gradienten handelt es sich um einen Vektor.

$$
\begin{aligned}
rot\ \vec{F}(x,y,z) &= \left(\frac{\partial}{\partial y} f_3 - \frac{\partial}{\partial z} f_2, \frac{\partial}{\partial z} f_1 - \frac{\partial}{\partial x} f_3, \frac{\partial}{\partial x} f_2 - \frac{\partial}{\partial y} f_1\right) = \\
&= \left(-x + \frac{x^2 y}{z^2}, -\frac{xy^2}{z^2} + y, \frac{2xy}{z} - \frac{2xy}{z}\right) = \\
&= \left(\frac{-xz^2 + x^2 y}{z^2}, -\frac{xy^2}{z^2} + y, 0\right)
\end{aligned}
$$

Es ist zu ersehen, dass $rot\ \vec{F}$ ein Vektor ist.

Zu 2.)

Es gilt

$$A = (-1, -1, -1)$$

Dann ergibt sich

$$div\ \vec{F}(-1, -1, -1) = \frac{1+1}{-1} = -2$$

als reelle Zahl.

Zu 3.)

Es gilt

$$B = (1, 1, 1)$$

Dann ergibt sich

$$div\ \vec{F}(1, 1, 1) = \frac{1+1}{1} = 2$$

Zu beachten ist die folgende Alternative der Berechnung

$$\begin{pmatrix} \frac{d}{dx} \\ \frac{d}{dy} \\ \frac{d}{dz} \end{pmatrix} \times \begin{pmatrix} 2 \\ \frac{x^2 y}{z} \\ -xy \end{pmatrix} = rot\ \vec{F}$$

Aufgabe 4.11

Betrachtet wird das dreidimensionale Vektorfeld

$$\vec{V} : \mathbb{R}^3 \to \mathbb{R}^3$$

$$\vec{V} : (x, y, z) \to \vec{V}(x, y, z) = (xy, x^2 + yz, xz)$$

1. Das Kurvenintegral

$$\int_C \vec{V} d\vec{r}$$

ist längs der Kurve C mit der Darstellung

$$C : \vec{r}(t) = (t, 1 - t, t^2) \quad (1 \le t \le 2)$$

zu bestimmen-

2. Anfangs- und Endpunkt der Kurve C sind zu bestimmen.

3. Eine weitere Kurve C* sei die Verbindungsgerade der zwei Punkte

$$P_1(1, 0, 1) \quad \text{und} \quad P_2(2, -1, 4)$$

Es ist eine Parameterdarstellung der Kurve C* anzugeben.

4. Das Kurvenintegral

$$\int_{C*} \vec{V} d\vec{r}$$

ist längs der Kurve C* zu bestimmen.

Lösung 4.11

Zu 1.)

Es gilt für die Kurve

$$\vec{r}(t) = (x(t) = t, y(t) = 1 - t, z(t) = t^2) \;\Rightarrow\; \vec{r}\,'(t) = (1, -1, 2t)$$

und damit für das Vektorfeld

$$\vec{V}(x(t), y(t), z(t)) = \left(t(1 - t), t^2 + (1 - t)t^2, t^3\right)$$

Die Integration ergibt sich zu

$$
\begin{aligned}
\int_C \vec{V}\,d\vec{r} \;&=\; \int_1^2 \vec{V}\left(\vec{r}(t)\right)\vec{r}\,'(t)\,dt = \\[2mm]
&=\; \int_1^2 \left(t(1 - t), t^2 + (1 - t)t^2, t^3\right) \cdot (1, -1, 2t)\,dt = \\[2mm]
&=\; \int_1^2 \left(t - 3t^2 + t^3 + 2t^4\right)dt = \\[2mm]
&=\; \int_1^2 (2t^4 + t^3 - 3t^2 + t)\,dt = \\[2mm]
&=\; 2\left[\frac{t^5}{5}\right]_1^2 + 4\left[\frac{t^4}{4}\right]_1^2 - 3\left[\frac{t^2}{2}\right]_1^2 + \left[\frac{t^2}{2}\right]_1^2 = \\[2mm]
&=\; \frac{64}{5} + 4 - 8 + 2 - \frac{2}{5} - \frac{1}{4} + 1 - \frac{1}{2} = \\[2mm]
&=\; \frac{211}{20} = \\[2mm]
&=\; 10{,}65
\end{aligned}
$$

Zu 2.)

Die Kurve C^* verläuft von

$$\vec{r}(1) = (1, 0, 1) \quad \text{nach} \quad \vec{r}(2) = (2, -1, 4)$$

bzw.

$$P_1 = (1, 0, 1) \quad \text{nach} \quad P_2 = (2, -1, 4)$$

Zu 3.)

Es ist ersichtlich, dass es sich um eine Gerade handelt. Für die Kurve ergibt sich

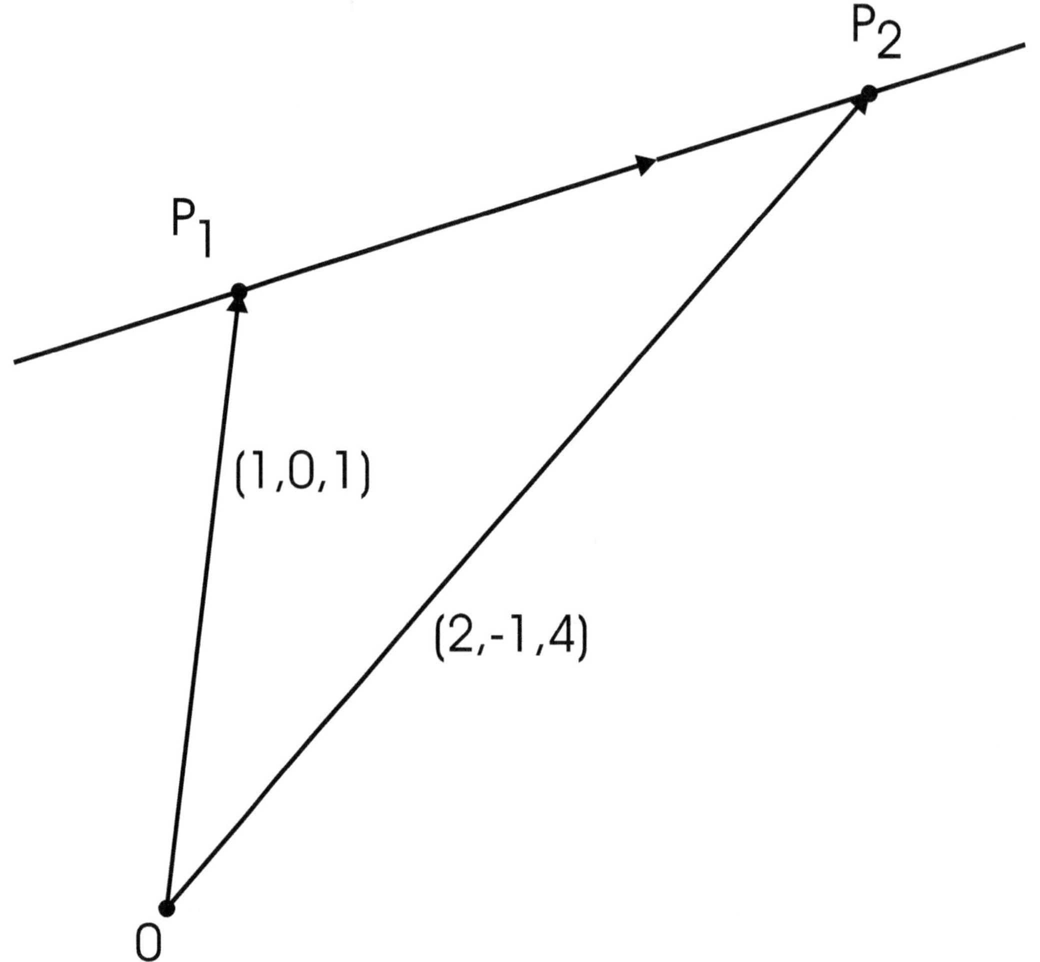

Abbildung 4.2: Kurve C^*

$$C^* : \vec{r}(t) = \vec{p_1} + t(\vec{p_2} - \vec{p_1})$$

$$
\begin{aligned}
C^* : \vec{r}(t) &= (1,0,1) + t\left[(2,-1,4) - (1,0,1)\right] = \\
&= (1,0,1) + t(1,-1,3) = \\
&= (1+t, -t, 1+3t)
\end{aligned}
$$

Das Einsetzen des Anfangs- und Endpunktes liefert das Intervall des Parameters t
nach der folgenden Vorgehensweise

$$(1, 0, 1) \ = \ (1 + t, -t, 1 + 3t) \ \Rightarrow \ t = 0$$

$$(2, -1, 4) \ = \ (1 + t, -t, 1 + 3t) \ \Rightarrow \ t = 1$$

Damit ergibt sich für den Parameter t das Intervall

$$0 \leq t \leq 1$$

Der Kurvenvektor

$$\vec{r}(t) = (x(t) = 1 + t, y(t) = -t, z(t) = 1 + 3t) \ \Rightarrow \ \vec{r}\,'(t) = (1, -1, 3)$$

wird in das Vektorfeld $\vec{V}(x, y, z)$ eingesetzt, d.h.

$$\vec{V}(\vec{r}(t)) \ = \ \left((1 + t)(-t), (1 + t)^2 + (-t)(1 + 3t), (1 + t)(1 + 3t)\right) =$$

$$= \ (-t - t^2, 1 + t - 2t^2, 1 + 4t + 3t^2)$$

Damit ergibt sich für die Integration

$$\int_{C*} \vec{V} d\vec{r} \ = \ \int_{C*} \vec{V}(\vec{r}(t))\vec{r}\,'(t)dt =$$

$$= \ \int_0^1 \left(-t - t^2, 1 + t - 2t^2, 1 + 4t + 3t^2\right) \cdot (1, -1, 3)dt =$$

$$= \ \int_0^1 (2 + 10t + 10t^2)dt =$$

$$= \ \int_0^1 (10t^2 + 10t + 2)dt =$$

$$= \ \left[\frac{10}{3}t^3 + 5t^2 + 2t\right]_0^1 =$$

$$= \ \frac{10}{3} + 15 + 2 =$$

$$= \ \frac{31}{3}$$

Dieses Linienintegral ist wegunabhängig, was über die Integrabilitätbedingung, wie folgt, nachgewiesen werden kann.

$$\frac{\partial}{\partial z}\left(x^2 + yz\right) = y$$

$$\frac{\partial}{\partial x}\left(xz\right) = z$$

$$\frac{\partial}{\partial y}\left(xy\right) = x$$

$$\frac{\partial}{\partial y}\left(xz\right) = 0$$

$$\frac{\partial}{\partial z}\left(xy\right) = 0$$

$$\frac{\partial}{\partial x}\left(x^2 + yz\right) = 2x$$

Aufgabe 4.12

Das Integral

$$\int_{\partial S} (x - y^3)dx + x^3 dy$$

mit

$$\partial S = \{(x,y) : x^2 + y^2 = 1\}$$

ist zu bestimmen. Es ist anzugeben, welcher Satz hierbei zur Anwendung kommt.

Lösung 4.12

Die Menge

$$S = \{(x,y) : x^2 + y^2 = 1\}$$

sei das zu ∂S gehörige Gebiet. Nach dem Satz von GREEN gilt

$$\int_{\partial S}(x - y^3)dx + x^3 dy = -\iint_S \left[\frac{\partial}{\partial y}(x - y^3) - \frac{\partial}{\partial x}x^3\right]dydx =$$

$$= -\iint_S(-3y^2 - 3x^2)dxdy =$$

$$= -2\int_0^1\int_0^\pi(-3r^2 sin^2(\varphi) - 3r^2 cos^2(\varphi))rd\varphi dr =$$

$$= 2\cdot 3\int_0^1\int_0^\pi r^3 d\varphi dr =$$

$$= 6\int_0^1\left[\varphi r^3\right]_0^\pi dr =$$

$$= 6\int_0^1 r^3\pi dr =$$

$$= \frac{3}{2}\pi$$

Es bietet sich der Übergang zu Polarkoordinaten an, d.h.

$$x = rcos(\varphi) \qquad y = rsin(\varphi)$$

Ebenso gilt

$$0 \leq r \leq 1 \qquad 0 \leq \varphi \leq \pi$$

Der Halbkreis geht in einen Kreis über, d.h. vor dem Integral steht der Faktor 2.

Bei der Integration ist noch die folgende Variante möglich

$$2\cdot 3\int_0^\pi\int_0^1 r^3 drd\varphi = 6\int_0^\pi\left[\frac{r^4}{4}\right]_0^1 d\varphi = 6\int_0^\pi\frac{1}{4}d\varphi = \frac{3}{2}\pi$$

264

Alternativ kann unter Einbezug der folgenden Vorgehensweise das Kurvenintegral bestimmt werden. Es gilt

$$x(t) = cos(t) \quad y(t) = sin(t) \quad \text{für} \quad 0 \leq t \leq 2\pi$$

Hierbei ist

$$x^2 + y^2 = 1$$

erfüllt.

Damit ergibt sich dann

$$dx = -sin(t)dt \quad dy = cos(t)dt$$

Mittels des Vektorfeldes

$$\vec{V}(x,y) = (x - y^3, x^3)$$

kann dann das Kurvenintegral bestimmt werden.

$$\int_{\partial S} (x - y^3)dx + x^3 dy = \int_0^{2\pi} \left[(cos(t) - sin^3(t))(-sin(t)) + cos^3(t)cos(t) \right] dt =$$

$$= \int_0^{2\pi} \left[-sin(t)cos(t) + sin^4(t) + cos^4(t) \right] dt =$$

$$= -\frac{1}{2}\int_0^{2\pi} sin(2t)dt - \left[\frac{sin^3(t)cos(t)}{4}\right]_0^{2\pi} + \frac{3}{4}\int_0^{2\pi} sin^2(t)dt +$$

$$+ \left[\frac{cos^3(t)sin(t)}{4}\right]_0^{2\pi} + \frac{3}{4}\int_0^{2\pi} cos^2(t)dt =$$

$$= -\frac{1}{2}\int_0^{2\pi} sin(2t)dt - 0 + \frac{3}{4}\int_0^{2\pi} sin^2(t)dt + 0 + \frac{3}{4}\int_0^{2\pi} sin^2(t)dt =$$

$$= \frac{1}{2}\left[\frac{cos(2t)}{2}\right]_0^{2\pi} + \frac{3}{4}\left[\frac{t}{2} - \frac{sin(2t)}{4}\right]_0^{2\pi} + \frac{3}{4}\left[\frac{t}{2} + \frac{sin(2t)}{4}\right]_0^{2\pi} =$$

$$= \frac{1}{2}\left(\frac{1}{2} - \frac{1}{2}\right) + \frac{3}{4}\pi + \frac{3}{4}\pi =$$

$$= \frac{3}{2}\pi$$

Aufgabe 4.13

Das Integral

$$\int_{\partial S} [e^x sin(y)dx + e^x cos(y)dy]$$

ist zu bestimmen, wenn ∂S der Rand des Einheitsquadrats ist. Es ist eine Zeichnung anzufertigen.

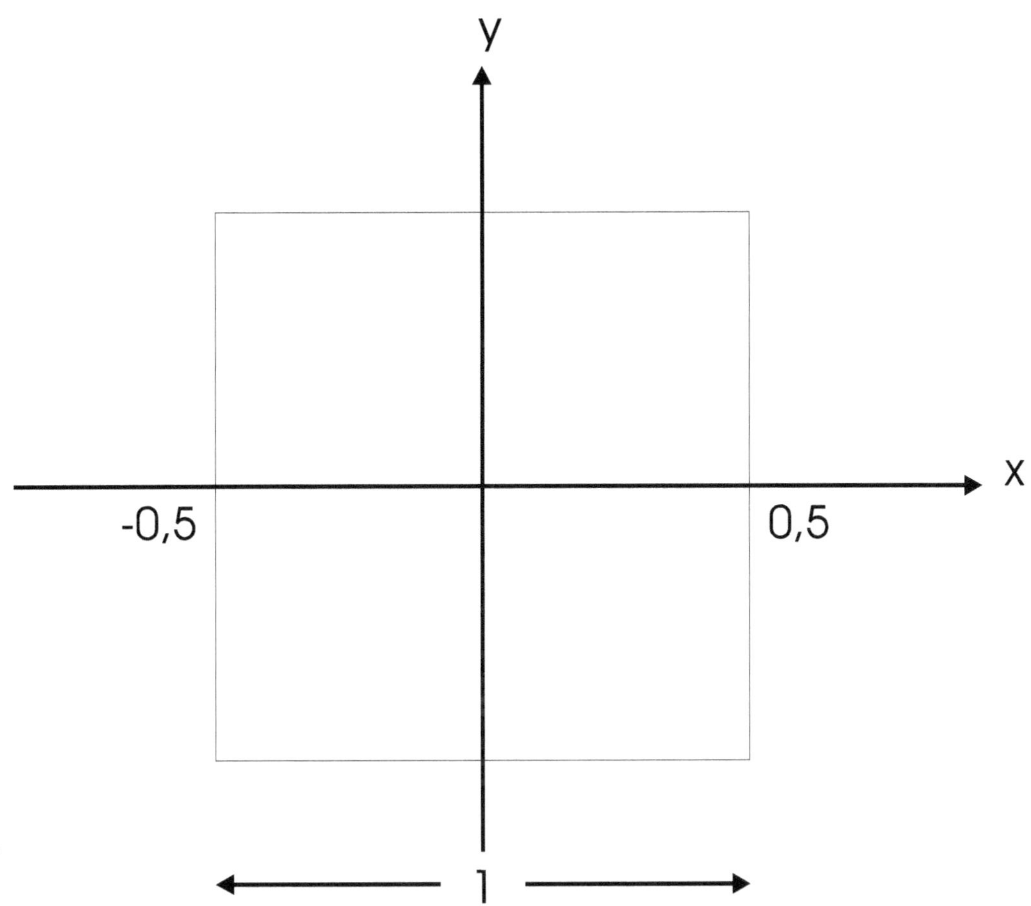

Abbildung 4.3: Rand des Einheitsquadrates ∂S

Betrachtet werde der Rand ∂S des Einheitsquadrates

$$Q = \{(x,y) \mid 0.5 \leq x \leq +0.5 \quad -0.5 \leq y \leq +0.5\}$$

Die Anwendung des Satzes von GREEN liefert

$$\int_{\partial S} e^x sin(y)dx + e^x cos(y)dy \;=\; -\iint_Q \left[\frac{\partial}{\partial y}e^x sin(y) - \frac{\partial}{\partial x}e^x cos(y)\right] dxdy =$$

$$=\; -\iint_Q \left[\underbrace{e^x cos(y) - e^x cos(y)}_{=0}\right] dxdy =$$

$$=\; \iint_Q 0\,dxdy =$$

$$=\; \int_{-0.5}^{+0.5}\int_{-0.5}^{+0.5} 0\,dxdy =$$

$$=\; \int_{-0.5}^{+0.5} [c]_{-0.5}^{+0.5}\,dy =$$

$$=\; \int_{-0.5}^{+0.5} 0\,dy =$$

$$=\; [c]_{-0.5}^{+0.5} =$$

$$=\; 0$$

Aufgabe 4.14

In der Wahrscheinlichkeitstheorie spielt das Integral

$$\int_{0}^{\infty} e^{-x^2}\, dx$$

eine zentrale Rolle. Dieses eindimensionale uneigentliche Integral ist jedoch mit elementaren Methoden nicht zu berechnen. Es besteht jedoch die Möglichkeit, das Integral über eine zweidimensionale Integration zu bestimmen.

1. Es werden die folgenden Mengen betrachtet

$$K_R = \left\{(x,y) : x \geq 0,\ y \geq 0,\ x^2 + y^2 \leq R^2\right\}$$

$$Q_R = \{(x,y) : 0 \leq x \leq R,\ 0 \leq y \leq R\}$$

$$K_{R\sqrt{2}} = \left\{(x,y) : x \geq 0,\ y \geq 0,\ x^2 + y^2 \leq 2R^2\right\}$$

Die Mengen sind in einem Schaubild zu zeichnen.

2. Auf den drei Mengen wird die Funktion

$$f : (x,y) \to f(x,y) = e^{-(x^2+y^2)}$$

betrachtet. Es ist, indem über die integrierbaren Mengen integriert wird, das obige eindimensionale Integral zu bestimmen.

Lösung 4.14

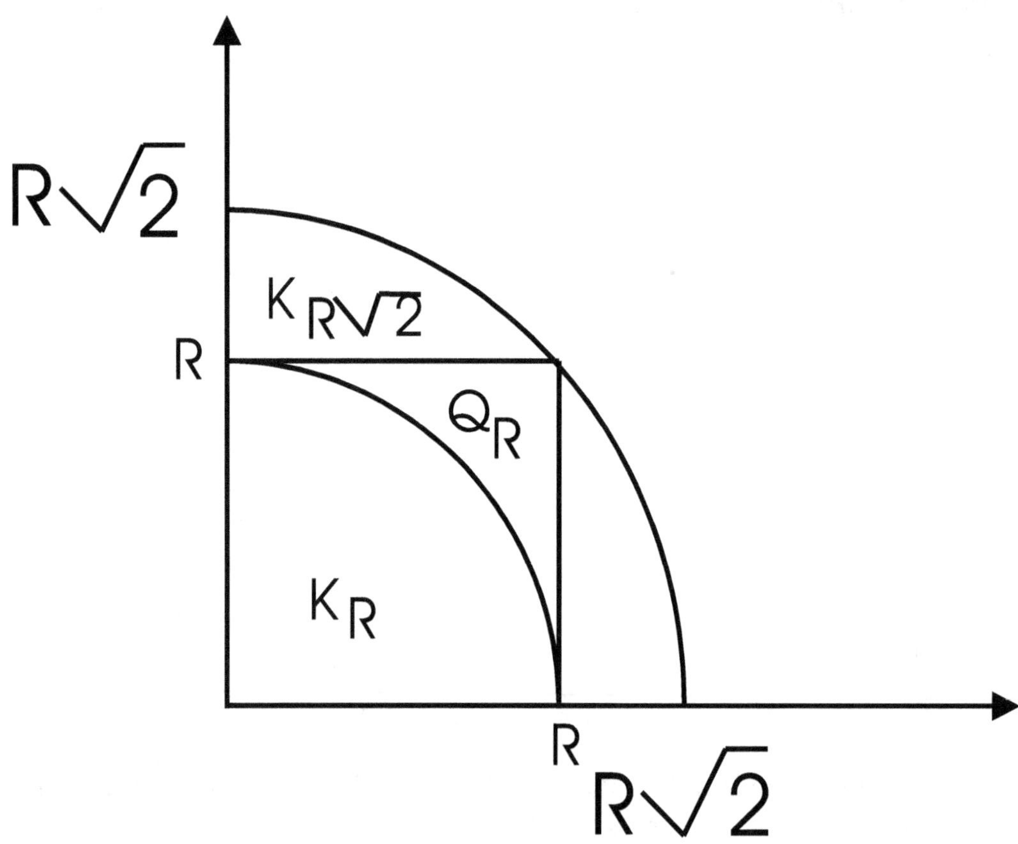

Abbildung 4.4: Mengen

Zunächst werde das Integral

$$\int_{K_R} e^{-(x^2+y^2)}d(x,y)$$

betrachtet, welches über die Einführung von Polarkoordinaten gelöst wird. Diese ergeben sich zu

$$x = r \cdot cos(\varphi)$$

$$y = r \cdot sin(\varphi)$$

Damit ergibt sich für den Exponenten der Integrandenfunktion

$$-(x^2+y^2) = -(r^2 cos^2(\varphi) + r^2 sin(\varphi)) = -r^2$$

270

Es gilt nach Definition der Menge K_R

$$x \geq 0 \quad y \geq 0$$

also auch

$$rcos(\varphi) \geq 0 \quad rsin(\varphi) \geq 0$$

Und da $r \geq 0$ immer gilt, ergibt sich

$$cos(\varphi) \geq 0 \quad sin(\varphi) \geq 0 \Leftrightarrow 0 \leq \varphi \leq \frac{\pi}{2}$$

Damit ergibt sich

$$x^2 + y^2 \leq R^2 \Rightarrow r^2 sin^2(\varphi) + r^2 cos^2(\varphi) \leq R^2 \Rightarrow r^2 \leq R^2$$

Das Integral kann jetzt, wie folgt, geschrieben werden

$$\int_{K_R} e^{-(x^2+y^2)} d(x,y) = \int_0^{\frac{\pi}{2}} \left\{ \int_0^R e^{-r^2} r \, dr \right\} d\varphi$$

Die Berechnung des inneren Integrals ergibt sich zu

$$\int_0^R e^{-r^2} r \, dr = \int_0^{R^2} e^{-t} \cdot r \cdot \frac{dt}{2r} = \frac{1}{2} \int_0^{R^2} e^{-t} dt = (\star)$$

Zur Anwendung gelangt die folgende Substitution

$$t := r^2 \Rightarrow \frac{dt}{dr} = 2r \Rightarrow dr = \frac{dt}{2r} \quad t(0) = 0, \ t(R) = R^2$$

Dann ergibt sich

$$(\star) = \frac{1}{2} \left[-e^{-t} \right]_0^{R^2} = \frac{1}{2} \left[-e^{-R^2} + 1 \right]$$

Die äußere Integration liefert

$$\frac{1}{2} \int_0^{\frac{\pi}{2}} \left(-e^{-R^2} + 1 \right) d\varphi = \frac{1}{2} \left[\varphi \left(-e^{-R^2} + 1 \right) \right]_0^{\frac{\pi}{2}} =$$

$$= \frac{1}{2} \left[\frac{\pi}{2} \left(-e^{-R^2} + 1 \right) \right] =$$

$$= \frac{\pi}{4} - \frac{\pi}{4} e^{-R^2}$$

Damit ergibt sich

$$\int\limits_{K_R} e^{-(x^2+y^2)}d(x,y) = \int\limits_0^{\frac{\pi}{2}} \left\{ \int\limits_0^R e^{-r^2} r\,dr \right\} d\varphi = \frac{\pi}{4} - \frac{\pi}{4}e^{-R^2}$$

Betrachtet wird das nachfolgende Integral, welches sich nur durch die Grenzen beim inneren Integral von den bisherigen Integrationen unterscheidet.

$$\int\limits_{K_{R\sqrt{2}}} e^{-(x^2+y^2)}d(x,y) = \int\limits_0^{\frac{\pi}{2}} \left\{ \int\limits_0^{R\sqrt{2}} e^{-r^2} r\,dr \right\} d\varphi$$

Analoges Vorgehen liefert unter Berücksichtigung der Grenzen

$$\int\limits_{K_{R\sqrt{2}}} e^{-(x^2+y^2)}d(x,y) = \int\limits_0^{\frac{\pi}{2}} \left\{ \int\limits_0^{R\sqrt{2}} e^{-r^2} r\,dr \right\} d\varphi = \frac{\pi}{4} - \frac{\pi}{4}e^{-2R^2}$$

Weiter gilt

$$\int\limits_{Q_R} e^{-(x^2+y^2)}d(x,y) = \int\limits_0^R \left\{ \int\limits_0^R e^{-x^2} \cdot e^{-y^2} dx \right\} dy =$$

$$= \left\{ \int\limits_0^R e^{-x^2} dx \right\} \cdot \left\{ \int\limits_0^R e^{-y^2} dy \right\} =$$

$$= \left\{ \int\limits_0^R e^{-x^2} dx \right\}^2$$

Nach der obigen Abbildung für die Gebiete kann die Abschätzung gewonnen werden

$$\int\limits_{K_R} e^{-(x^2+y^2)}d(x,y) \le \int\limits_{Q_R} e^{-(x^2+y^2)}d(x,y) \le \int\limits_{K_{R\sqrt{2}}} e^{-(x^2+y^2)}d(x,y)$$

$$\sqrt{\frac{\pi}{4} - \frac{\pi}{4}e^{-R^2}} \le \int\limits_0^R e^{-x^2} dx \le \sqrt{\frac{\pi}{4} - \frac{\pi}{4}e^{-2R^2}}$$

Damit gilt

$$\int\limits_0^\infty e^{-x^2} dx = \lim_{R\to\infty} \int\limits_0^\infty e^{-x^2} dx = \frac{1}{2}\sqrt{\pi}$$

Aufgabe 4.15

Durch

$$\vec{F} : \mathbb{R}^2 \to \mathbb{R}^2$$

$$\vec{F} : (x,y) \mapsto \vec{F}(x,y) = \left(\frac{-y}{x^2 + y^2}, \frac{x}{x^2 + y^2} \right)$$

ist ein ebenes Kraftfeld gegeben. $\vec{F}$ ist für alle $(x,y) \neq (0,0)$ definiert. Die Arbeit erfolgt längs des Weges von

$$P_1(1/0) \text{ nach } P_2(0/1)$$

1. Längs der Geraden

$$y = -x + 1$$

2. Längs des Kreisbogens

$$K_1 : \vec{r}(t) = (cos(t), sin(t)) \ \text{ mit} (0 \leq t \leq \frac{\pi}{2})$$

3. Längs des geradlinigen Weges von $(1/0)$ nach $(1/1)$ und von da nach $(0/1)$

4. Die Arbeit ist längs des Weges

$$K_2 : \vec{r}(t) = (cos(t), sin(t)) \ (2\pi \geq t \geq \frac{\pi}{2})$$

   zu bestimmen.

5. Was zeigen die Resultate hinsichtlich der Wegunabhängigkeit des Integrals?

Lösung 4.15

Zu 1.)

Betrachtet wird der Weg K, welcher durch die Gerade

$$y = -x + 1$$

dargestellt wird. Damit ergibt sich

$$\vec{r}(t) = \vec{a} + t\vec{b} = (1,0) + t\left[(0,1) - (1,0)\right] = (1,0) + t(-1,1) = (1-t,t)$$

Für den Punkt $P(1,0)$ gilt:

$$(1,0) = (1-t,t) \;\Rightarrow\; 1 = 1-t \;\Rightarrow\; t = 0$$

Für den Punkt $P(0,1)$ gilt:

$$(0,1) = (1-t,t) \;\Rightarrow\; 0 = 1-t \;\Rightarrow\; t = 1$$

Damit ergibt sich

$$0 \leq t \leq 1$$

Hieraus resultiert

$$\vec{r}\,'(t) = (-1,1) \quad \text{bzw} \quad d\vec{r}\,'(t) = (-1,1)dt$$

Damit ergibt sich für die Integration

$$\int_K \vec{F}\,d\vec{r} \;=\; \int_0^1 \left(\frac{-t}{(1-t)^2 + t^2}, \frac{1-t}{(1-t)^2 + t^2}\right)(-1,1)dt \;=$$

$$= \int_0^1 \left(\frac{t}{(1-t)^2 + t^2} + \frac{1-t}{(1-t)^2 + t^2}\right) dt \;=$$

$$= \int_0^1 \frac{1}{1 - 2t + 2t^2}\,dt \;=$$

$$= \frac{1}{2}\int_0^1 \frac{1}{\left(t - \frac{1}{2}\right)^2 + \frac{1}{4}}\,dt \;=$$

$$= \frac{1}{2}\int_0^1 \frac{4}{(2t-1)^2 + 1}\,dt$$

Die Berechnung des Integrals erfolgt über die folgende Substitution

$$u := (2t - 1) \ \Rightarrow \ \frac{du}{dt} = 2 \ \Rightarrow \ du = 2dt \ \Rightarrow \ dt = \frac{du}{2}$$

Der Einbezug der Grenzen ergibt

$$u_1 = (2 \cdot 0 - 1) = -1 \quad u_2 = (2 \cdot 1 - 1) = +1$$

Damit gilt für das Integral

$$\int_{-1}^{+1} \frac{2}{u^2 + 1} \frac{du}{2} = \int_{-1}^{+1} \frac{1}{u^2 + 1} du = [arctan(u)]_{-1}^{+1} = \frac{\pi}{2}$$

Zu 2.)

Für den Weg K_1 gilt

$$K_1 : \vec{r}(t) = (cos(t), sin(t)), \quad 0 \le t \le \frac{\pi}{2}$$

Damit ergibt sich durch Ableiten

$$\vec{r}\,'(t) = (-sin(t), cos(t)) \quad \text{bzw.} \quad d\vec{r}(t) = (-sin(t), cos(t))dt$$

Damit kann, wie folgt, integriert werden

$$\int_{K_1} \vec{F} d\vec{r} = \int_{0}^{\frac{\pi}{2}} \left(\frac{-sin(t)}{cos^2(t) + sinr(t)}, \frac{cos(t)}{cos^2(t) + sin^2(t)} \right) (-sin(t), cos(t))\, dt =$$

$$= \int_{0}^{\frac{\pi}{2}} (sin^2(t) + cos^2(t))dt =$$

$$= \int_{0}^{\frac{\pi}{2}} dt =$$

$$= \frac{\pi}{2}$$

Zu 3.)

Für den Weg S ergibt sich

$$S = S_1 + S_2$$

und damit

$$S_1 : (1,0) \to (1,1) \quad S_2 : (1,1) \to (0,1)$$

Die führt zur Integration

$$\int_{S_1} \vec{F}\,d\vec{r} = \int_{(1,0)}^{(1,1)} \left(\frac{-y}{x^2+y^2} \right) dx + \left(\frac{x}{x^2+y^2} \right) dy =$$

$$= \int_0^1 \frac{1}{1+y^2} dy =$$

$$= \frac{\pi}{4}$$

$$x = 1, dx = 0, y_1 = 0, y_2 = 1$$

Für den Weg S_2 ergibt sich für das Integral

$$\int_{S_2} \vec{F}\,d\vec{r} = \int_{(1,1)}^{(0,1)} \left(\frac{-y}{x^2+y^2} \right) dx + \left(\frac{x}{x^2+y^2} \right) dy =$$

$$= \int_1^0 \frac{-1}{1+y^2} dy =$$

$$= \frac{\pi}{4}$$

$$y = 1, dy = 0, x_1 = 1, x_2 = 0$$

Damit ergibt sich für das Integral über den Weg S

$$\int_S \vec{F}\,d\vec{r} = \int_{S_1} \vec{F}\,d\vec{r} + \int_{S_2} \vec{F}\,d\vec{r} = \frac{\pi}{4} + \frac{\pi}{4} = \frac{\pi}{2}$$

Zu 4.)

Für den Weg K_2 ergibt sich

$$K_2 : \vec{r}(t) = (cos(t), sin(t)) \quad 2\pi \geq t \geq \frac{\pi}{2}$$

und daraus die Ableitung

$$\vec{r}\,'(t) = (-sin(t), cos(t))$$

Damit ergibt sich die Integration

$$\int_{K_2} \vec{F}d\vec{r} = \int_{2\pi}^{\frac{\pi}{2}} \left(\frac{-sin(t)}{cos^2(t) + sin^2(t)}, \frac{cos(t)}{cos^2(t) + sin^2(t)} \right) (-sin(t), cos(t))dt =$$

$$= \int_{2\pi}^{\frac{\pi}{2}} dt =$$

$$= \frac{\pi}{2} - 2\pi =$$

$$= -\frac{3}{2}\pi$$

Zu 5.)

Die bisherigen Integrationen

$$y = -x + 1, \quad K_1, \quad S$$

lassen eine Wegunabhängigkeit vermuten, was jedoch durch K_2 widerlegt wird. Es gilt

$$\oint_K \vec{F}d\vec{r} = 2\pi \neq 0$$

Hierbei ist

$$K : \vec{r}(t) = (Rcos(t), Rsin(t))$$

und speziell mit $R = 1$ gilt

$$\vec{r}(t) = (cos(t), sin(t)) \quad t \in [0, 2\pi]$$

Die Punkte P_1, P_2 liegen nicht in einem einfach zusammenhängenden Gebiet, d.h. bei $(0,0)$ befindet sich ein Loch, an welchem rechts bzw. links die Wege vorbeiführen.

$$\frac{\partial}{\partial y} \frac{-y}{x^2 + y^2} = \frac{(x^2 + y^2)(-1) - (-y)(2y)}{(x^2 + y^2)^2} = \frac{-x^2 + y^2}{(x^2 + y^2)^2}$$

$$\frac{\partial}{\partial x} \frac{x}{x^2 + y^2} = \frac{(x^2 + y^2)(1) - (x)(2x)}{(x^2 + y^2)^2} = \frac{-x^2 + y^2}{(x^2 + y^2)^2}$$

Damit gilt

$$\frac{\partial}{\partial y} \frac{-y}{x^2 + y^2} = \frac{-x^2 + y^2}{(x^2 + y^2)^2} = \frac{\partial}{\partial x} \frac{x}{x^2 + y^2}$$

Aufgabe 4.16

Betrachtet wird das Vektorfeld

$$\vec{V} : \mathbb{R}^3 \to \mathbb{R}^3$$

mit

$$\vec{V}(x,y,z) = \frac{1}{x^2+y^2} \cdot (-y,x,0) = \left(\frac{-y}{x^2+y^2}, \frac{x}{x^2+y^2}, 0 \right)$$

1. Die Kurve C sei der Viertelkreis mit

$$\vec{r}(t) = (cos(t), sin(t), 0) \quad \text{mit} \quad 0 \leq t \leq \frac{\pi}{2}$$

Es ist das Integral

$$\int_C \vec{V} \, d\vec{r}$$

zu bestimmen.

2. Es soll $\vec{V}$ längs der Geraden g vom Anfangspunkt $A = (1,0,0)$ zum Endpunkt $B = (0,1,0)$ von C integriert werden.

3. Für die Kurve

$$K : \vec{r}(t) = (Rcos(t), Rsin(t), 0) \text{ mit } 0 \leq t \leq 2\pi$$

ist das Integral zu bestimmen.

4. Es ist eine Skizze der Integrationswege anzufertigen und aufgrund der gefundenen Ergebnisse zu interpretieren.

Lösung 4.16

Zu 1.)

Es gilt
$$\vec{r}(t) = (cos(t), sin(t), 0) \quad \text{mit} \quad 0 \le t \le \frac{\pi}{2}$$

Und damit ergibt sich die Ableitung
$$\vec{r}\,'(t) = (-sin(t), cos(t), 0)$$

Damit kann das Vektorfeld an der Stelle des Kurvenvektors bestimmt werden
$$\vec{V}\,(\vec{r}(t)) = \frac{1}{cos^2(t) + sin^2(t)}\,(-sin(t), cos(t), 0) = (-sin(t), cos(t), 0)$$

Die Integration ergibt sich zu
$$\int_C \vec{V}d\vec{r} \;=\; \int_0^{\frac{\pi}{2}} (-sin(t), cos(t), 0) \cdot (-sin(t), cos(t), 0)dt \;=$$
$$=\; \int_0^{2\pi} \left[sin^2(t) + cos^2(t) \right] dt \;=\; \frac{1}{2}\pi$$

Zu 2.)

Für die Punkte gilt
$$A = (1, 0, 0) \quad B = (0, 1, 0)$$

Damit ergibt sich die Geradengleichung für die Verbindungsgerade
$$\vec{r}(t) = (1, 0, 0) + t\,[(0, 1, 0) - (1, 0, 0)] = (1, 0, 0) + t(-1, 1, 0) = (1 - t, t, 0)$$

Die Verbindungsgerade hat damit die Form
$$g : \vec{r}(t) = (1 - t, t, 0) \qquad \vec{r}\,'(t) = (-1, 1, 0)$$

Das Einsetzen des Anfangs- und Endpunktes liefert
$$(1, 0, 0) = (1 - t, t, 0) \;\Rightarrow\; t = 0$$
$$(0, 1, 0) = (1 - t, t, 0) \;\Rightarrow\; t = 1$$

Für die Integration längs der Geraden g ergibt sich

$$\int_g \vec{V}\,d\vec{r} \;=\; \int_0^1 \vec{V}(\vec{r}(t))\vec{r}\,'(t)\,dt =$$

$$=\; \int_0^1 \frac{1}{(1-t)^2 + t^2}(-t, 1-t, 0)\cdot(-1,1,0)\,dt =$$

$$=\; \int_0^1 \frac{1}{2t^2 - 2t + 1}\left[t + 1 - t\right]dt =$$

$$=\; \int_0^1 \frac{1}{2t^2 - 2t + 1}\,dt =$$

$$=\; \frac{1}{2}\int_0^1 \frac{dt}{t^2 - t + \frac{1}{2}} =$$

$$=\; \frac{1}{2}\int_0^1 \frac{dt}{\left(t - \frac{1}{2}\right)^2 + \frac{1}{4}} =$$

$$=\; \frac{1}{2}\int_0^1 \frac{dt}{\frac{1}{4}\left[4\left(t - \frac{1}{2}\right)^2 + 1\right]} =$$

$$=\; 2\int_0^1 \frac{dt}{(2t-1)^2 + 1} =$$

$$=\; 2\int_{-1}^1 \frac{1}{z^2 + 1}\frac{dz}{2} =$$

$$=\; \int_{-1}^1 \frac{dz}{z^2 + 1} =$$

$$=\; arctan(z)\big|_{-1}^{1} =$$

$$=\; \frac{\pi}{4} - \left(-\frac{\pi}{4}\right) =$$

$$=\; \frac{\pi}{4} + \frac{\pi}{4} = \frac{\pi}{2}$$

Zu beachten ist die oben verwendete Substitution

$$z := 2t - 1 \quad \frac{dz}{dt} = 2 \ \Rightarrow \ dt = \frac{dz}{2}$$

Und für die Grenzen gilt

$$z(0) = -1, \quad z(1) = 1$$

Zu 3.)

Für die vektoriell gegebene Kurve

$$\vec{r}(t) = (R\cos(t), R\sin(t), 0)$$

ergibt sich für die Ableitung

$$\vec{r}\,'(t) = (-R\sin(t), R\cos(t), 0) \quad \text{für} \quad 0 \le t \le 2\pi$$

Damit ergibt sich für die Integration

$$\int_K \vec{V}\, d\vec{r} \ = \ \int_0^{2\pi} \vec{V}(\vec{r}(t))\vec{r}\,'(t) \ =$$

$$= \ \int_0^{2\pi} \frac{1}{(R^2\cos^2(t) + R^2\sin^2(t))} \cdot (-R\sin(t), R\cos(t), 0) \cdot (-R\sin(t), R\cos(t), 0)dt \ =$$

$$= \ \int_0^{2\pi} \frac{1}{R^2} \cdot (-R\sin(t), R\cos(t), 0) \cdot (-R\sin(t), R\cos(t), 0)dt \ =$$

$$= \ \frac{1}{R^2} \int_0^{2\pi} \left[R^2\sin^2(t) + R^2\cos^2(t)\right] dt \ =$$

$$= \ \int_0^{2\pi} dt \ =$$

$$= \ 2\pi$$

Zu 4.)

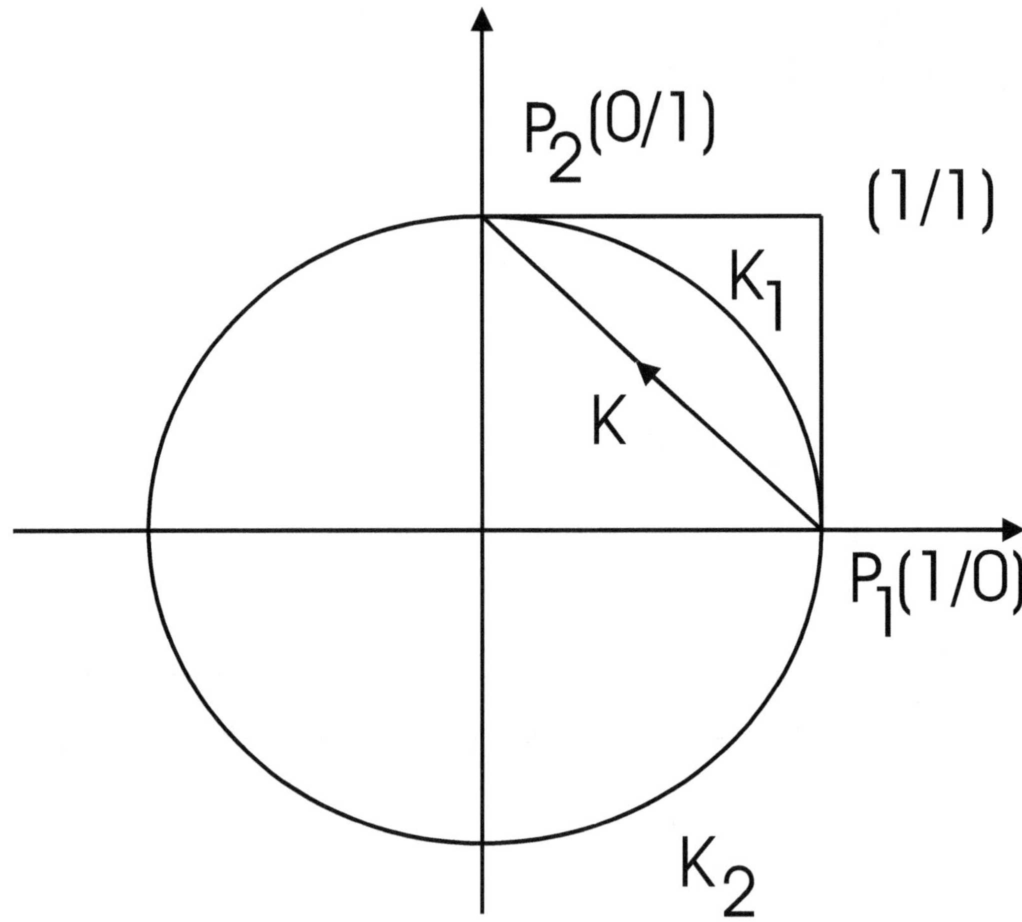

Abbildung 4.5: Integrationswege

Die unterschiedlichen Ergebnisse zeigen, dass keine Wegunabhängigkeit vorliegt.

Aufgabe 4.17

Die Vektorfelder $\vec{V}, \vec{W}$ und das Skalarfeld f seien auf der offenen Menge $\mathbb{D} \subset \mathbb{R}^3$ definiert und haben dort stetige partielle Ableitungen zweiter Ordnung. Die folgenden Rechenregeln sind zu beweisen.

1.

$$div \; rot \; \vec{V} = 0$$

2.

$$rot \; grad \; f = \vec{0}$$

3.

$$div(f \cdot \vec{V}) = (grad \; f) \cdot \vec{V} + f \cdot div \; \vec{V}$$

4.

$$rot(f \cdot \vec{V}) = f \cdot rot \; \vec{V} + (grad \; f) \times \vec{V}$$

5.

$$div(\vec{V} \times \vec{W}) = \vec{W} \cdot rot \; \vec{V} - \vec{V} \cdot rot \; \vec{W}$$

Lösung 4.17

Zu 1.)

Mit

$$\vec{V}(x,y,z) = (v_1(x,y,z), v_2(x,y,z), v_3(x,y,z))$$

ergibt sich zunächst

$$
rot\vec{V} = \left(\frac{\partial}{\partial y}v_3 - \frac{\partial}{\partial z}v_2\right)\vec{e}_1 + \left(\frac{\partial}{\partial z}v_1 - \frac{\partial}{\partial x}v_3\right)\vec{e}_2 + \left(\frac{\partial}{\partial x}v_2 - \frac{\partial}{\partial y}v_1\right)\vec{e}_3 =
$$

$$
= \left(\frac{\partial}{\partial y}v_3 - \frac{\partial}{\partial z}v_2, \; \frac{\partial}{\partial z}v_1 - \frac{\partial}{\partial x}v_3, \; \frac{\partial}{\partial x}v_2 - \frac{\partial}{\partial y}v_1\right)
$$

Vom Rotor von $\vec{V}$ kann die Divergenz gebildet werden, d.h.

$$
div \, rot\vec{V} = \frac{\partial}{\partial x}\left(\frac{\partial}{\partial y}v_3 - \frac{\partial}{\partial z}v_2\right) + \frac{\partial}{\partial y}\left(\frac{\partial}{\partial z}v_1 - \frac{\partial}{\partial x}v_3\right) + \frac{\partial}{\partial z}\left(\frac{\partial}{\partial x}v_2 - \frac{\partial}{\partial y}v_1\right) =
$$

$$
= \frac{\partial^2}{\partial x\partial y}v_3 - \frac{\partial^2}{\partial x\partial z}v_2 + \frac{\partial^2}{\partial y\partial z}v_1 - \frac{\partial^2}{\partial x\partial y}v_3 + \frac{\partial^2}{\partial z\partial x}v_2 - \frac{\partial^2}{\partial z\partial y}v_1 = 0
$$

Durch die beliebige Reihenfolge der partiellen Ableitungen ergibt der Ausdruck Null, womit der Beweis erbracht ist.

Zu 2.)

Mit

$$f(x,y,z) \in \mathbb{R}^3$$

gilt zunächst für den Gradienten der Funktion f

$$
grad \, f(x,y,z) = \left(\frac{\partial}{\partial x}f(x,y,z), \; \frac{\partial}{\partial y}f(x,y,z), \; \frac{\partial}{\partial z}f(x,y,z)\right)
$$

Damit folgt

$$
rot \, grad \, f(x,y,z) = \left(\frac{\partial}{\partial y}f_z - \frac{\partial}{\partial z}f_y\right)\vec{e}_1 + \left(\frac{\partial}{\partial z}f_x - \frac{\partial}{\partial x}f_z\right)\vec{e}_2 + \left(\frac{\partial}{\partial x}f_y - \frac{\partial}{\partial y}f_x\right)\vec{e}_3 =
$$

$$
= (f_{zy} - f_{yz})\vec{e}_1 + (f_{xz} - f_{zx})\vec{e}_2 + (f_{yx} - f_{xy})\vec{e}_3 =
$$

$$
= 0\vec{e}_1 + 0\vec{e}_2 + 0\vec{e}_3 = (0,0,0) = \vec{0}
$$

Zu 3.)

Mit

$$grad\ f(x,y,z) = \left(\frac{\partial}{\partial x}f(x,y,z),\ \frac{\partial}{\partial y}f(x,y,z),\ \frac{\partial}{\partial z}f(x,y,z)\right)$$

und

$$\vec{V}(x,y,z) = (v_1(x,y,z), v_2(x,y,z), v_3(x,y,z))$$

ergibt sich

$$f(x,y,z)\cdot\vec{V}(x,y,z) = (f(x,y,z)\cdot v_1(x,y,z),\ f(x,y,z)\cdot v_2(x,y,z),\ f(x,y,z)\cdot v_3(x,y,z))$$

und damit

$$
\begin{aligned}
div\ (f\cdot\vec{V}) \ &= \ \frac{\partial}{\partial x}f(x,y,z)v_1(x,y,z) + \frac{\partial}{\partial y}f(x,y,z)v_2(x,y,z) + \frac{\partial}{\partial z}f(x,y,z)v_3(x,y,z) = \\[2mm]
&= \ f_x v_1 + f_y v_2 + f_z v_3 + f\frac{\partial}{\partial x}v_1 + f\frac{\partial}{\partial y}v_2 + f\frac{\partial}{\partial z}v_3 = \\[2mm]
&= \ (f_x, f_y, f_z)\cdot(v_1, v_2, v_3) + f\cdot div\vec{V} = \\[2mm]
&= \ (grad\ f(x,y,z))\cdot\vec{V}(x,y,z) + f(x,y,z)\cdot div\ \vec{V}(x,y,z) = \\[2mm]
&= \ (grad\ f)\cdot\vec{V} + f\cdot div\ \vec{V}
\end{aligned}
$$

Zu 4.)

Es gilt

$$f(x,y,z)\cdot\vec{V}(x,y,z) = (f(x,y,z)\cdot v_1(x,y,z),\ f(x,y,z)\cdot v_2(x,y,z),\ f(x,y,z)\cdot v_3(x,y,z))$$

und damit

$$rot\,(fv_1, fv_2, fv_3) = \left(\frac{\partial}{\partial y}fv_3 - \frac{\partial}{\partial z}fv_2,\ \frac{\partial}{\partial z}fv_1 - \frac{\partial}{\partial x}fv_3,\ \frac{\partial}{\partial x}fv_2 - \frac{\partial}{\partial y}fv_1\right) =$$

$$= \left(f_y v_3 + f\frac{\partial}{\partial y}v_3 - f_z v_2 - f\frac{\partial}{\partial z}v_2,\ f_z v_1 + f\frac{\partial}{\partial z}v_1 - f_x v_3 - f\frac{\partial}{\partial x}v_3,\right.$$

$$\left. f_x v_2 + f\frac{\partial}{\partial x}v_2 - f_y v_1 - f\frac{\partial}{\partial y}v_1\right) =$$

$$= \left(f_y v_3 - f_z v_2 + f\frac{\partial}{\partial y}v_3 - f\frac{\partial}{\partial z}v_2,\ f_z v_1 - f_x v_3 + f\frac{\partial}{\partial z}v_1 - f\frac{\partial}{\partial x}v_3,\right.$$

$$\left. f_x v_2 - f_y v_1 + f\frac{\partial}{\partial x}v_2 - f\frac{\partial}{\partial y}v_1\right) =$$

$$= \left[f\left(\frac{\partial}{\partial y}v_3 - \frac{\partial}{\partial z}v_2\right) + (f_y v_3 - f_z v_2),\ f\left(\frac{\partial}{\partial z}v_1 - \frac{\partial}{\partial x}v_3\right) + (f_z v_1 - f_x v_3),\right.$$

$$\left. f\left(\frac{\partial}{\partial x}v_2 - \frac{\partial}{\partial y}v_1\right) + (f_x v_2 - f_y v_1)\right] =$$

$$= \left[f\left(\frac{\partial}{\partial y}v_3 - \frac{\partial}{\partial z}v_2\right),\ f\left(\frac{\partial}{\partial z}v_1 - \frac{\partial}{\partial x}v_3\right),\ f\left(\frac{\partial}{\partial x}v_2 - \frac{\partial}{\partial y}v_1\right)\right]$$

$$[f_y v_3 - f_z v_2,\ f_z v_1 - f_x v_3,\ f_x v_2 - f_y v_1] =$$

$$= f\,rot\,\vec{V} + (grad\,f) \times \vec{V}$$

Zu 5.)

Zunächst werden die beiden Vektorfelder $\vec{V}(x,y,z)$ und $\vec{W}(x,y,z)$ betrachtet, wobei für die weitere Beweisführung die folgende Abkürzung herangezogen wird.

$$\vec{V}(x,y,z) = (v_1(x,y,z), v_2(x,y,z), v_3(x,y,z)) = (v_1, v_2, v_3)$$

$$\vec{W}(x,y,z) = (w_1(x,y,z), w_2(x,y,z), w_3(x,y,z)) = (w_1, w_2, w_3)$$

Das Vektorprodukt ergibt sich zu

$$\vec{V} \times \vec{W} \;=\; \begin{vmatrix} \vec{e}_1 & \vec{e}_2 & \vec{e}_3 \\ v_1 & v_2 & v_3 \\ w_1 & w_2 & w_3 \end{vmatrix} \begin{matrix} \vec{e}_1 & \vec{e}_2 \\ v_1 & v_2 \\ w_1 & w_2 \end{matrix} \;=$$

$$=\; v_2 w_3 \vec{e}_1 + v_3 w_1 \vec{e}_2 + v_1 w_2 \vec{e}_3 - v_2 w_1 \vec{e}_3 - v_3 w_2 \vec{e}_1 - v_1 w_3 \vec{e}_2 \;=$$

$$=\; (v_2 w_3 - v_3 w_2,\; v_3 w_1 - v_1 w_3,\; v_1 w_2 - v_2 w_1)$$

Damit kann die Divergenz des Vektorproduktes bestimmt werden zu

$$div\,(\vec{V} \times \vec{W}) \;=\; \frac{\partial}{\partial x}(v_2 w_3 - v_3 w_2) + \frac{\partial}{\partial y}(v_3 w_1 - v_1 w_3) + \frac{\partial}{\partial z}(v_1 w_2 - v_2 w_1) \;=$$

$$=\; v_{2x} w_3 + v_2 w_{3x} - v_{3x} w_2 - v_3 w_{2x} +$$

$$+ v_{3y} w_1 + v_3 w_{1y} - v_{1y} w_3 - v_1 w_{3y} +$$

$$+ v_{1z} w_2 + v_1 w_{2z} - v_{2z} w_1 - v_2 w_{1z}$$

Somit ist die Umformung der linken Seite abgeschlossen und es werden die beiden Bestandteile der rechten Seite betrachtet. Für den ersten Teil der rechten Seite gilt

$$\vec{W}\,rot\,\vec{V} \;=\; \vec{W}\left(\frac{\partial}{\partial y}v_3 - \frac{\partial}{\partial z}v_2,\; \frac{\partial}{\partial z}v_1 - \frac{\partial}{\partial x}v_3,\; \frac{\partial}{\partial x}v_2 - \frac{\partial}{\partial y}v_1 \right) \;=$$

$$=\; w_1(v_{3y} - v_{2z}) + w_2(v_{1z} - v_{3x}) + w_3(v_{2x} - v_{1y})$$

und für den zweiten Teil der rechten Seite

$$\vec{V}\,rot\,\vec{W} \;=\; \vec{V}\left(\frac{\partial}{\partial y}w_3 - \frac{\partial}{\partial z}w_2,\; \frac{\partial}{\partial z}w_1 - \frac{\partial}{\partial x}w_3,\; \frac{\partial}{\partial x}w_2 - \frac{\partial}{\partial y}w_1 \right) \;=$$

$$=\; v_1(w_{3y} - w_{2z}) + v_2(w_{1z} - w_{3x}) + v_3(w_{2x} - w_{1y})$$

Zusammengefasst liefert dies für die rechte Seite

$$\vec{W}\,rot\,\vec{V} - \vec{V}\,rot\,\vec{W} \;=\; w_1 v_{3y} - w_1 v_{2z} + w_2 v_{1z} - w_2 v_{3x} + w_3 v_{2x} - w_3 v_{1y} +$$

$$+ v_1 w_{3y} - v_1 w_{2z} + v_2 w_{1z} - v_2 w_{3x} + v_3 w_{2x} - v_3 w_{1y}$$

Die Gleichheit beider Seiten ist ersichtlich und damit ist der Beweis abgeschlossen.

Aufgabe 4.18

Es sei

$$\vec{V} : \mathbb{R}^n \to \mathbb{V}^n$$

ein Vektorfeld und

$$f : \mathbb{R}^n \to \mathbb{R}$$

eine skalare Funktion. Weiter wird das Vektorfeld

$$\vec{W} : \mathbb{R}^n \to \mathbb{V}^n$$

mit

$$\vec{W} : (x_1, ..., x_n) \mapsto f(x_1, ..., x_n) \cdot \vec{V}(x_1, ..., x_n)$$

und die Darstellung

$$
\begin{aligned}
f(x_1, ..., x_n) \cdot \vec{V}(x_1, ..., x_n) &= f(x_1, ..., x_n) \cdot (v_1(x_1, ..., x_n), ..., v_n(x_1, ..., x_n)) \\
&= (f(x_1, ..., x_n) \cdot v_1(x_1, ..., x_n), ..., f(x_1, ..., x_n) \cdot v_n(x_1, ..., x_n))
\end{aligned}
$$

betrachtet.

Es ist zu zeigen

1.

$$div(\vec{V} + \vec{W}) = div(\vec{V}) + div(\vec{W})$$

2.

$$div(\vec{W}) = \vec{V} \cdot grad(f) + f \cdot div(\vec{V})$$

Lösung 4.18

Zu 1.)

$$
\begin{aligned}
div(\vec{V} + \vec{W}) &= \frac{\partial}{\partial x_1}(v_1 + w_1)(x_1, ..., x_n) + ... + \frac{\partial}{\partial x_n}(v_n + w_n)(x_1, ..., x_n) = \\
&= \frac{\partial}{\partial x_1}\left[v_1(x_1, ..., x_n) + w_1(x_1, ..., x_n)\right] + \frac{\partial}{\partial x_n}\left[v_n(x_1, ..., x_n) + w_n(x_1, ..., x_n)\right] = \\
&= \frac{\partial}{\partial x_1}v_1(x_1, ..., x_n) + ... + \frac{\partial}{\partial x_n}v_n(x_1, ..., x_n) + ... \\
&\quad ... + \frac{\partial}{\partial x_1}w_1(x_1, ..., x_n) + ... + \frac{\partial}{\partial x_n}w_n(x_1, ..., x_n) = \\
&= div(\vec{V}) + div(\vec{W})
\end{aligned}
$$

Zu 2.)

$$
\begin{aligned}
div(\vec{W}) &= \frac{\partial}{\partial x_1}w_1(x_1, ..., x_n) + ... + \frac{\partial}{\partial x_n}w_n(x_1, ..., x_n) = \\
&= \frac{\partial}{\partial x_1}(f(x_1, ..., x_n)v_1(x_1, ..., x_n)) + ... + \frac{\partial}{\partial x_n}(f(x_1, ..., x_n)v_n(x_1, ..., x_n)) = \\
&= v_1(x_1, ..., x_n)\frac{\partial}{\partial x_1}f(x_1, ..., x_n) + ... + v_n(x_1, ..., x_n)\frac{\partial}{\partial x_n}f(x_1, ..., x_n) + \\
&\quad f(x_1, ..., x_n)\frac{\partial}{\partial x_1}v_1(x_1, ..., x_n) + ... + f(x_1, ..., x_n)\frac{\partial}{\partial x_n}v_n(x_1, ..., x_n) = \\
&= v_1\frac{\partial}{\partial x_1}f + ... + v_n\frac{\partial}{\partial x_n}f + f \cdot \left[\frac{\partial}{\partial x_1}v_1 + ... + \frac{\partial}{\partial x_n}v_n\right] = \\
&= \vec{V}grad(f) + f \cdot div(\vec{V})
\end{aligned}
$$

Aufgabe 4.19

Betrachtet wird das dreidimensionale Vektorfeld

$$\vec{V} : \mathbb{R}^3 \to \mathbb{R}^3$$

mit

$$\vec{V} : (x,y,z) \mapsto \vec{V}(x,y,z) = (2y + 3, xz, yz - x)$$

1. Eine Kurve C sei durch die Parameterdarstellung

$$C : \vec{r}(t) = (2t^2, t, t^3), \quad 0 \le t \le 1$$

gegeben. Das Kurvenintegral

$$\int\limits_C \vec{V}\,d\vec{r}$$

ist zu bestimmen.

2. Der Anfangspunkt $A(a_1, a_2, a_3)$ und der Endpunkt $E(e_1, e_2, e_3)$ der Kurve C sind zu bestimmen.

3. Eine weitere Kurve C^* sei die Verbindungsstrecke der Punkte A und E. Eine Parameterdarstellung von C^* ist anzugeben.

4. Das Kurvenintegral

$$\int\limits_{C^*} \vec{V}\,d\vec{r}$$

ist zu bestimmen.

5. Zu bestimmen ist

$$div\ \vec{V}(x,y,z)$$

6. Anzugeben ist

$$rot\ \vec{V}(x,y,z)$$

7. Mit obigem Feld ist zu zeigen

$$div\ rot\ \vec{V} = 0$$

Lösung 4.19

Zu 1.)

Für die Kurve

$$C : \vec{r}(t) = (2t^2, t, t^3)$$

ergibt sich die Ableitung

$$\vec{r}\,'(t) = (4t, 1, 3t^3)$$

Und damit für das Kurvenintegral

$$\int_C \vec{V} d\vec{r} \;=\; \int_0^1 V(\vec{r}(t))\vec{r}\,'(t)dt =$$

$$= \int_0^1 (2t + 3, 2t^5, t^4 - 2t^2)(4t, 1, 3t^2)dt =$$

$$= \int_0^1 \left[4t(2t + 3) + 2t^5 + 3t^2(t^4 - 2t^2) \right] dt =$$

$$= \int_0^1 \left[8t^2 + 12t + 2t^5 + 3t^6 - 6t^4 \right] dt =$$

$$= \left[8\frac{t^3}{3} + 12\frac{t^2}{2} + 2\frac{t^6}{6} + 3\frac{t^7}{7} - 6\frac{t^5}{5} \right]_0^1 =$$

$$= \left[\frac{8}{3}t^3 + 6t^2 + \frac{2}{6}t^6 + \frac{3}{7}t^7 - \frac{6}{5}t^5 \right]_0^1 =$$

$$= \frac{8}{3} + 6 + \frac{1}{3} + \frac{3}{7} - \frac{6}{5} =$$

$$= \frac{288}{35} = 8,23$$

Zu 2.)

Für den Anfangspunkt gilt

$$\vec{r}(0) = (0, 0, 0) = A(a_1, a_2, a_3)$$

Für den Endpunkt gilt

$$\vec{r}(1) = (2, 1, 1) = E(e_1, e_2, e_3)$$

Zu 3.)

Für die Parameterdarstellung ergibt sich

$$C^* : \vec{r}(t) \;=\; \vec{a} + t\,[\vec{e} - \vec{a}] =$$

$$= (0,0,0) + t\,[(2,1,1) - (0,0,0)] = t(2,1,1) = (2t,t,t)$$

Weiter gilt für

$$0 \leq t \leq 1$$

$$(2t,t,t) = (0,0,0) \;\Rightarrow\; t_1 = 0$$

$$(2t,t,t) = (2,1,1) \;\Rightarrow\; t_2 = 1$$

Zu 4.)

Für die Integration längs der Kurve

$$\vec{r}(t) = (2t,t,t) \;\Rightarrow\; \vec{r}\,'(t) = (2,1,1)$$

ergibt sich das Integral

$$\int_{C^*} \vec{V}\,d\vec{r} \;=\; \int_0^1 \vec{V}(\vec{r}(t))\vec{r}\,'(t)dt =$$

$$= \int_0^1 (2t+3, 2t^2, t^2 - 2t)(2,1,1)dt =$$

$$= \int_0^1 \left[2(2t+3) + 2t^2 + t^2 - 2t\right] dt =$$

$$= \int_0^1 \left[4t + 6 + 3t^2 - 2t\right] dt =$$

$$= \int_0^1 \left[3t^2 + 2t + 6\right] dt =$$

$$= \left[3\frac{t^3}{3} + 2\frac{t^2}{2} + 6t\right]_0^1 =$$

$$= 1 + 1 + 6 =$$

$$= 8$$

Zu 5.)

Für die Divergenz ergibt sich nach deren Definition

$$div\ \vec{V}(x,y,z) = \frac{\partial}{\partial x}(2y+3) + \frac{\partial}{\partial y}(xz) + \frac{\partial}{\partial z}(yz-x) = 0+0+y = y$$

Zu 6.)

Für den Rotor ergibt sich nach seiner Definition

$$rot\ \vec{V}(x,y,z) = \left(\frac{\partial}{\partial y}v_3 - \frac{\partial}{\partial z}v_2, \frac{\partial}{\partial z}v_1 - \frac{\partial}{\partial x}v_3, \frac{\partial}{\partial x}v_2 - \frac{\partial}{\partial y}v_1\right) =$$

$$= \left(\frac{\partial}{\partial y}(yz-x) - \frac{\partial}{\partial z}(xz), \frac{\partial}{\partial z}(2y+3) - \frac{\partial}{\partial x}(yz-x), \frac{\partial}{\partial x}(xz) - \frac{\partial}{\partial y}(2y+3)\right) =$$

$$= (z-x, 0+1, z-2) =$$

$$= (z-x, 1, z-2)$$

Zu 7.)

Es gilt

$$div\ rot\ \vec{V}(x,y,z) = \frac{\partial}{\partial x}(z-x) + \frac{\partial}{\partial y}1 + \frac{\partial}{\partial z}(z-2) =$$

$$= -1+0+1 =$$

$$= 0$$

Aufgabe 4.20

Mit dem Parameter $\alpha \in \mathbb{R}$ sei das Vektorfeld

$$\vec{V} : (x,y,z) \mapsto \vec{V}(x,y,z) = (5z + 3\alpha yz, (\alpha + 2)xz - 4y, z^2 + 5\alpha x + 3xy)$$

gegeben.

1. Das Kurvenintegral

$$\int_C \vec{V}\,d\vec{r}$$

ist zu bestimmen, wobei

$$C = \{(x,y,z) \in \mathbb{R}^3 \mid x = cos(t), y = sin(t), z = 1, 0 \le t \le 2\pi\}$$

2. Zu bestimmen ist $rot(\vec{V})$

3. Nachzuweisen ist, dass das Vektorfeld $\vec{V}$ für die Parameterwahl $\alpha = 1$ ein Potentialfeld besitzt.

4. Wie lautet für die Parameterwahl $\alpha = 1$ die zum Vektorfeld gehörige Potentialfunktion $\varphi(x,y,z)$?

Lösung 4.20

Zu 1.)

Es gilt für die vektorielle Kurvendarstellung und ihre Ableitung

$$\vec{r}(t) = (cos(t), sin(t), 1) \;\Rightarrow\; \vec{r}\,'(t) = (-sin(t), cos(t), 0)$$

Damit gilt weiter

$$
\begin{aligned}
\vec{V}(\vec{r}(t)) \cdot \vec{r}\,'(t) &= [5 + 3\alpha sin(t), (\alpha + 2)cos(t) - 4sin(t), 1 + 5\alpha cos(t) + 3cos(t)sin(t)] \\
&\quad (-sin(t), cos(t), 0) = \\
&= -5sin(t) - 3\alpha sin^2(t) + (\alpha + 2)cos^2(t) - 4sin(t)cos(t)
\end{aligned}
$$

Für das Integral ergibt sich

$$
\begin{aligned}
\int_C \vec{V}\,d\vec{r} &= \int_0^{2\pi} \left[-5sin(t) - 3\alpha sin^2(t) + (\alpha + 2)cos^2(t) - 4sin(t)cos(t)\right] dt = \\
&= \left[5cos(t) - 3\alpha\left(\frac{1}{2}t - \frac{1}{4}sin(t)\right) + (\alpha + 2)\left(\frac{1}{2}t + \frac{1}{4}sin(2t)\right) - 4\left(\frac{1}{2}sin^2(t)\right)\right]_0^{2\pi} = \\
&= 5\left(cos(2\pi) - cos(0)\right) - 3\alpha\left(\frac{1}{2}2\pi\right) + (\alpha + 2)\left(\frac{1}{2}2\pi\right) - 0 = \\
&= -3\alpha\pi + (\alpha + 2)\pi = \\
&= -2\alpha\pi + 2\pi = \\
&= 2\pi(1 - \alpha)
\end{aligned}
$$

Zu 2.)

Für den Rotor ergibt sich

$$rot\ \vec{V} = \begin{vmatrix} \vec{e}_1 & \vec{e}_2 & \vec{e}_3 \\ \frac{\partial}{\partial x} & \frac{\partial}{\partial y} & \frac{\partial}{\partial z} \\ 5z+3\alpha yz & (\alpha+2)xz-4y & z^2+5\alpha x+3xy \end{vmatrix} \begin{matrix} \vec{e}_1 & \vec{e}_2 \\ \frac{\partial}{\partial x} & \frac{\partial}{\partial y} \\ 5z+3\alpha yz & (\alpha+2)xz-4y \end{matrix} =$$

$$= \vec{e}_1\frac{\partial}{\partial y}(z^2+5\alpha x+3xy) + \vec{e}_2\frac{\partial}{\partial z}(5z+3\alpha yz) + \vec{e}_3\frac{\partial}{\partial x}((\alpha+2)xz-4y)$$

$$-\vec{e}_3\frac{\partial}{\partial y}(5z+3\alpha yz) - \vec{e}_1\frac{\partial}{\partial z}((\alpha+2)xz-4y) - \vec{e}_2\frac{\partial}{\partial x}(z^2+5\alpha x+3xy) =$$

$$= \vec{e}_1(3x) + \vec{e}_2(5+3\alpha y) + \vec{e}_3[(\alpha+2)z] - \vec{e}_3(3\alpha z) - \vec{e}_1[(\alpha+2)x] - \vec{e}_2(5\alpha+3y) =$$

$$= [3x-(\alpha+2)x]\,\vec{e}_1 + [-(5\alpha+3y)+5+3\alpha y]\,\vec{e}_2 + [(\alpha+2)z-3\alpha z] =$$

$$= (3x-(\alpha+2)x, -(5\alpha+3y)+5+3\alpha y, (\alpha+2)z-3\alpha z)$$

Zu 3.)

Für $\alpha = 1$ ergibt sich

$$rot\ \vec{V} = (3x-3x, -5-3y+5+3y, 3z-3z) = (0,0,0)$$

Das Vektorfeld besitzt ein Potentialfeld. Es gilt

$$v_1(x,y,z) = 5z+3\alpha yz \ \Rightarrow\ \frac{\partial}{\partial y}v_1 = 3\alpha z \qquad \frac{\partial}{\partial z}v_1 = 5+3\alpha y$$

$$v_2(x,y,z) = (\alpha+2)xz-4y \ \Rightarrow\ \frac{\partial}{\partial x}v_2 = z(\alpha+2) \qquad \frac{\partial}{\partial z}v_2 = (\alpha+2)x$$

$$v_3(x,y,z) = z^2+5\alpha x+3xy \ \Rightarrow\ \frac{\partial}{\partial x}v_3 = 5\alpha+3y \qquad \frac{\partial}{\partial y}v_3 = 3x$$

Damit gilt im Fall $\alpha = 1$

$$\frac{\partial}{\partial y}v_1 = 3z = \frac{\partial}{\partial x}v_2 = 3z$$

$$\frac{\partial}{\partial z}v_1 = 5+3y = \frac{\partial}{\partial x}v_3 = 5+3y$$

$$\frac{\partial}{\partial z}v_2 = 3x = \frac{\partial}{\partial y}v_3 = 3x$$

Zu 4.)

Gesucht ist eine Funktion $\varphi(x, y, z)$ so, dass gilt

$$\frac{\partial}{\partial x}\varphi(x, y, z) \;=\; 5z + 3yz$$

$$\frac{\partial}{\partial y}\varphi(x, y, z) \;=\; 3xz - 4y$$

$$\frac{\partial}{\partial z}\varphi(x, y, z) \;=\; z^2 + 5x + 3xy$$

Es gilt

$$\vec{V}(x, y, z) = grad \; (\varphi(x, y, z))$$

Die Integration liefert

$$\int (5z + 3yz)dx \;=\; 5xz + 3xyz + C_x \quad C_x \in \mathbb{R}$$

$$\int (3xz - 4y)dy \;=\; 3xyz - 2y^2 + C_y \quad C_y \in \mathbb{R}$$

$$\int (z^2 + 5x + 3xy)dz \;=\; \frac{z^3}{3} + 5xz + 3xyz + C_z \quad C_z \in \mathbb{R}$$

Damit ergibt sich

$$\varphi(x, y, z) = 3xyz + 5xz - 2y^2 + \frac{z^3}{3} + C \qquad C \in \mathbb{R}$$

Aufgabe 4.21

Es sei

$$\vec{V} : \mathbb{R}^3 \to \mathbb{R}^3$$

$$\vec{V} : (x,y,z) \mapsto \vec{V}(x,y,z) = (x + 2y + az, bx - 3y - z, 4x + cy + 2z)$$

ein Vektorfeld des $\mathbb{R}^3$ mit den Konstanten $a, b, c \in \mathbb{R}$. Ein Vektorfeld heißt wirbelfrei, falls

$$rot\vec{V} = \vec{0}$$

gilt.

1. Für welche Konstanten $a, b, c \in \mathbb{R}$ ist $\vec{V}$ ein wirbelfreies Vektorfeld?

2. Zu zeigen ist, dass sich $\vec{V}$ dann als Gradient einer Skalarfunktion darstellen läßt.

   Hinweis: Aus

$$\vec{V}(x,y,z) = grad\varphi(x,y,z) = (\varphi_x, \varphi_y, \varphi_z)$$

   ist mittels der Integrationen

$$\int \varphi_x(x,y,z)dx, \quad \int \varphi_y(x,y,z)dy, \quad \int \varphi_z(x,y,z)dz$$

   das Skalarenfeld $\varphi(x,y,z)$ zu bestimmen.

3. Gibt es Konstante $a, b, c \in \mathbb{R}$ für welche das Feld solenoidal ist, d.h.

$$div\ \vec{V} = 0$$

Lösung 4.21

Zu 1.)

Es gilt

$$rot\ \vec{V}\ =\ \vec{\nabla}\times\vec{V}=$$

$$= \begin{vmatrix} \vec{e}_1 & \vec{e}_2 & \vec{e}_3 \\ \frac{\partial}{\partial x} & \frac{\partial}{\partial y} & \frac{\partial}{\partial z} \\ x+2y+az & bx-3y-z & 4x+cy+2z \end{vmatrix} \begin{matrix} \vec{e}_1 & \vec{e}_2 \\ \frac{\partial}{\partial x} & \frac{\partial}{\partial y} \\ x+2y+az & bx-3y-z \end{matrix} =$$

$$= \vec{e}_1\frac{\partial}{\partial y}(4x+cy+2z)+\vec{e}_2\frac{\partial}{\partial z}(x+2y+az)+\vec{e}_3\frac{\partial}{\partial x}(bx-3y-z)-$$

$$-\vec{e}_3\frac{\partial}{\partial y}(x+2y+az)-\vec{e}_1\frac{\partial}{\partial z}(bx-3y-z)-\vec{e}_2\frac{\partial}{\partial x}(4x+cy+2z)=$$

$$= \vec{e}_1(c)+\vec{e}_2(a)+\vec{e}_3(b)-\vec{e}_3(2)-\vec{e}_1(1)-\vec{e}_2(4)=$$

$$= \vec{e}_1(c+1)+\vec{e}_2(a-4)+(b-2)\vec{e}_3=$$

$$= (0,0,0)$$

Hieraus ergibt sich zur Bestimmung der Koeffizienten

$$c+1\ =\ 0\ \Rightarrow\ c=-1$$

$$a-4\ =\ 0\ \Rightarrow\ a=4$$

$$b-2\ =\ 0\ \Rightarrow\ b=2$$

Damit ergibt sich das Vektorfeld

$$\vec{V}(x,y,z)=(x+2y+4z,2x-3y-z,4x-y+2z)$$

Zu 2.)

Betrachtet wird der folgende Ansatz

$$\vec{V}(x,y,z)\ =\ \vec{\nabla}\cdot\varphi(x,y,z)=$$

$$= \left(\frac{\partial}{\partial x}\varphi(x,y,z),\frac{\partial}{\partial y}\varphi(x,y,z),\frac{\partial}{\partial z}\varphi(x,y,z)\right)$$

Hieraus ergibt sich

$$\frac{\partial}{\partial x}\varphi(x,y,z)=x+2y+4z\ \Rightarrow\ \varphi(x,y,z)=\int(x+2y+4z)dx=\frac{x^2}{2}+2xy+4xz+C_x$$

$$\frac{\partial}{\partial y}\varphi(x,y,z) = 2x - 3y - z \;\Rightarrow\; \varphi(x,y,z) = \int (2x - 3y - z)dy = 2xy - \frac{3}{2} - yz + C_y$$

$$\frac{\partial}{\partial z}\varphi(x,y,z) = 4x - y + 2z \;\Rightarrow\; \varphi(x,y,z) = \int (4x - y + 2z)dz = 4xz - yz + z^2 + C_z$$

Damit ergibt sich

$$\varphi(x,y,z) = \frac{x^2}{2} - \frac{3}{2}y^2 + z^2 + 2xy + 4xz - yz + C \quad \text{mit} \quad C \in \mathbb{R}$$

Zu 3.)

Es gilt

$$\begin{aligned}
div\ \vec{V}(x,y,z) &= \frac{\partial}{\partial x}(x + 2y + az) + \frac{\partial}{\partial y}(bx - 3y - z) + \frac{\partial}{\partial z}(4x + cy + 2z) = \\
&= 1 + (-3) + 2 = \\
&= 1 - 3 + 2 = \\
&= 0
\end{aligned}$$

Dies bedeutet, dass $\forall\, a, b, c$ ein solenoidales Feld vorliegt.

Aufgabe 4.22

Betrachtet wird das *Skalarenfeld* φ

$$\varphi : \mathbb{R}^3 \to \mathbb{R}$$

$$\varphi : (x, y, z) \mapsto \varphi(x, y, z) = 2xyz^2$$

und das *Vektorfeld* $\vec{F}$

$$\vec{F} : \mathbb{R}^3 \to \mathbb{R}^3$$

$$\vec{F} : (x, y, z) \mapsto \vec{F}(x, y, z) = (xy, -z, x^2) = xy\vec{e_1} - z\vec{e_2} + x^2\vec{e_3}$$

sowie die Kurve C mit

$$C : \vec{r}(t) = (x(t) = t^2, y(t) = 2t, z(t) = t^3) \quad t \in [0, 1]$$

1. Die Werte des Skalarfeldes sind in den Punkten

$$P_1(1, 1, 1), \quad P_2(0, 1, 2), \quad P_3(1, 2, 3)$$

anzugeben. Die Beträge der Radiusvektoren $\vec{\rho_1}, \vec{\rho_2}, \vec{\rho_3}$ sind anzugeben.

2. Es ist $grad\ \varphi(x, y, z)$ zu bestimmen.

3. Es ist $grad\ \varphi(-1, 2, -3)$ anzugeben.

4. Es ist $\varphi(-1, -2, -3)$ und $grad\ \varphi(-1, -2, -3)$ anzugeben und es ist zu begründen, um welche Größen es sich handelt.

5. Zu bestimmen ist

$$\int_C \varphi d\vec{r}$$

6. Zu bestimmen ist

$$\int_C \vec{F} \times d\vec{r}$$

7. Handelt es sich bei $\vec{F}$ um ein *konservatives Feld*? Die Antwort ist zu begründen. Was kann daraus geschlossen werden?

Lösung 4.22

Zu 1.)

Durch Einsetzen ergibt sich für die Feldvektoren

$$\varphi(1,1,1) = 2 \quad \varphi(0,1,2) = 0 \quad \varphi(1,2,3) = 2 \cdot 1 \cdot 2 \cdot 9 = 36$$

Für die Beträge der Radiusvektoren ergibt sich

$$\mid \vec{\rho_1} \mid = \sqrt{3} \quad \mid \vec{\rho_2} \mid = \sqrt{1+4} = \sqrt{5} \quad \mid \vec{\rho_3} \mid = \sqrt{1+4+9} = \sqrt{14}$$

Zu 2.)

Für den Gradienten ergibt sich

$$grad\ \varphi(x,y,z) \;=\; \left(\frac{\partial}{\partial x} 2xyz^2, \frac{\partial}{\partial y} 2xyz^2, \frac{\partial}{\partial y} 2xyz^2 \right) =$$

$$=\; (2yz^2, 2xz^2, 4xyz)$$

Zu 3.)

Für den Gradienten an der Stelle $(-1,2,-3)$ ergibt sich

$$grad\ \varphi(-1,2,-3) = (2 \cdot 2 \cdot 9, 2 \cdot (-1) \cdot 9, 4 \cdot (-1) \cdot 2 \cdot (-3)) = (36, -18, 24)$$

Zu 4.)

Es gilt
$$\varphi(-1,-2,-3) = 2 \cdot (-1) \cdot (-2) \cdot (-3)^2 = 4 \cdot 9 = 36$$
Es handelt sich um eine skalare Größe.

$$grad\ \varphi(-1,2,-3) = (2 \cdot 2 \cdot 9, 2 \cdot (-1) \cdot 9, 4 \cdot (-1) \cdot 2 \cdot (-3)) = (36, -18, 24)$$

Hierbei handelt es sich um einen Vektor.

Zu 5.)

Für die Kurve und ihre Ableitung gilt

$$\vec{r}(t) = (t^2, 2t, t^3) \;\Rightarrow\; \vec{r}\,'(t) = (2t, 2, 3t^2)$$

Und weiter

$$d\vec{r}(t) = (2t, 2, 3t^2)dt \quad \text{für} \quad t \in [0,1]$$

Für die Integration ergibt sich

$$
\begin{aligned}
\int_C \varphi(x,y,z)d\vec{r} \;&=\; \int_C 2xyz^2 d\vec{r} = \\[2mm]
&=\; \int_0^1 2t^2 \cdot 2t \cdot t^6 \cdot (2t, 2, 3t^2)dt = \\[2mm]
&=\; \int_0^1 4t^9 \left[2t\vec{e}_1 + 2\vec{e}_2 + 3t^2\vec{e}_3\right] dt = \\[2mm]
&=\; \int_0^1 \left(8t^{10}\vec{e}_1 + 8t^9\vec{e}_2 + 12t^{11}\vec{e}_3\right) dt = \\[2mm]
&=\; 8\int_0^1 t^{10}dt\vec{e}_1 + 8\int_0^1 t^9 dt\vec{e}_2 + 12\int_0^1 t^{11}dt\vec{e}_3 = \\[2mm]
&=\; \frac{8}{11}\vec{e}_1 + \frac{4}{5}\vec{e}_2 + 1\vec{e}_3 = \\[2mm]
&=\; \left(\frac{8}{11}, \frac{4}{5}, 1\right) = \\[2mm]
&=\; (0,73 / 0,80 / 1,00)
\end{aligned}
$$

Zu 6.)

Für die Integration ergibt sich zunächst

$$\int_0^1 \vec{F} \times d\vec{r} \;=\; \int_0^1 \vec{F}(x(t), y(t), z(t)) \times d\vec{r} =$$

$$=\; \int_0^1 \vec{F}(x(t), y(t), z(t)) \times \vec{r}\,'(t)dt =$$

$$=\; \int_0^1 \vec{F}(t^2, 2t, t^3) \times \vec{r}\,'(t)dt =$$

$$=\; \int_0^1 \vec{F}(t^2, 2t, t^3) \times (2t, 2, 3t^2)dt =$$

$$=\; \int_0^1 (2t^3, -t^3, t^4) \times (2t, 2, 3t^2)dt$$

Das unter dem Integral auftretende Vektorprodukt kann nach der Vorgehensweise

$$\begin{vmatrix} \vec{e}_1 & \vec{e}_2 & \vec{e}_3 \\ 2t^3 & -t^3 & t^4 \\ 2t & 2 & 3t^2 \end{vmatrix} \begin{matrix} \vec{e}_1 & \vec{e}_2 \\ 2t^3 & -t^3 \\ 2t & 2 \end{matrix} \;=\; -3t^5\vec{e}_1 + 2t^5\vec{e}_2 + 4t^3\vec{e}_3 - \left(-2t^4\vec{e}_3 + 2t^4\vec{e}_2 + 6t^5\vec{e}_2\right) =$$

$$=\; -3t^5\vec{e}_1 + 2t^5\vec{e}_2 + 4t^3\vec{e}_3 + 2t^4\vec{e}_3 - 2t^4\vec{e}_1 - 2t^4\vec{e}_1 - 6t^5\vec{e}_2 =$$

$$=\; (-3t^5 - 2t^4)\vec{e}_1 + (2t^5 - 6t^5)\vec{e}_2 + (4t^3 + 2t^4)\vec{e}_3 =$$

$$=\; (-3t^5 - 2t^4)\vec{e}_1 - 4t^5\vec{e}_2 + (4t^3 + 2t^4)\vec{e}_3 =$$

$$=\; (-3t^5 - 2t^4, -4t^5, 4t^3 + 2t^4)$$

bestimmt werden. Damit kann die Integration weitergeführt werden

$$\int_C \vec{F} \times d\vec{r} \;=\; \int_0^1 (-3t^5 - 2t^4)dt\,\vec{e}_1 - \int_0^1 4t^5 dt\,\vec{e}_2 + \int_0^1 (4t^3 + 2t^4)dt\,\vec{e}_3 =$$

$$=\; -\frac{9}{10}\vec{e}_1 - \frac{2}{3}\vec{e}_2 + \frac{7}{5}\vec{e}_3 =$$

$$=\; \left(-\frac{9}{10}, -\frac{2}{3}, \frac{7}{5}\right) =$$

$$=\; (-0,9/ -0,67/1,40)$$

Zu 7.)

Falls es sich um ein konservatives Feld handelt, muss die Schwarzsche Gleichung erfüllt sein.

$$\frac{\partial}{\partial y} v_1(x,y,z) \;=\; \frac{\partial}{\partial x} v_2(x,y,z)$$

$$\frac{\partial}{\partial z} v_2(x,y,z) \;=\; \frac{\partial}{\partial y} v_3(x,y,z)$$

$$\frac{\partial}{\partial x} v_3(x,y,z) \;=\; \frac{\partial}{\partial z} v_1(x,y,z)$$

Eine weitere Möglichkeit des Nachweises besteht darin, dass

$$rot \; \vec{F} = \vec{0}$$

gilt. Damit ergibt sich konkret

$$\frac{\partial}{\partial y}(xy) = x = \frac{\partial}{\partial x}(-z) = 0$$

$$\frac{\partial}{\partial z}(-z) = -1 = \frac{\partial}{\partial y}(x^2) = 0$$

$$\frac{\partial}{\partial x}(x^2) = 2x = \frac{\partial}{\partial z}(xy) = 0$$

Es ist ersichtlich, dass keine Gleichheit nach der Schwarzschen Gleichung besteht, d.h. es liegt kein konservatives Feld vor und damit sind die Integrale wegabhängig.

Aufgabe 4.23

Durch die Abbildung

$$\vec{H} : \mathbb{R}^3 \to \mathbb{R}^3$$
$$\vec{H} : (x, y, z) \mapsto \vec{H}(x, y, z) = (3y + 2, xy, xz - y)$$

sei ein dreidimensionales Vektorfeld gegeben.

1. Die Kurve C habe die Parameterdarstellung

$$C : \vec{r}(t) = (t^2, 2t, 1 + t) \qquad (0 \le t \le 1)$$

Das Kurvenintegral

$$\int_C \vec{H}\, d\vec{r}$$

ist zu bestimmen.

2. Durch die Kurve C^* werden die Punkte $P_1(0,0,0), P_2(\pi, \pi, \pi)$ geradlinig verbunden.

    2.1 Die Parameterdarstellung von C^* ist anzugeben.

    2.2 Ein anderer Weg sei über den Punkt $P_3(\pi, \pi, 0)$ gegeben. Die Parameterdarstellungen

$$C_1 \ : \ P_1 \to P_3, \ C_2 \ : \ P_3 \to P_2$$

    sind anzugeben.

3. Das Kurvenintegral

$$\int_{C^*} \vec{H}\, d\vec{r}$$

ist zu bestimmen.

4. Zu bestimmen ist

$$\int_{C_1 + C_2} \vec{H}\, d\vec{r}$$

5. Allgemein ist zu untersuchen, ob das Kurvenintegral im Vektorfeld $\vec{H}$ wegunabhängig ist.

6. Zu bestimmen ist $div\ \vec{H}(x, y, z)$

7. Anzugeben ist $rot\ \vec{H}(x, y, z)$

8. Speziell für das obige Vektorfeld $\vec{H}$ ist zu zeigen, dass

$$div\ rot\ \vec{H} = 0$$

gilt.

Lösung 4.23

Zu 1.)

Für den Kurvenvektor ergibt sich

$$\vec{r}(t) = (t^2, 2t, 1+t) \;\Rightarrow\; \vec{r}\,'(t) = (2t, 2, 1) \quad \text{für} \quad 0 \le t \le 1$$

Damit ergibt sich für das Kurvenintegral

$$\int_C \vec{H}\,d\vec{r} \;=\; \int_0^1 \vec{H}(t^2, 2t, 1+t)\,\vec{r}\,'(t)\,dt \;=$$

$$=\; \int_0^1 (2t \cdot 3 + 2, 2t^3, t^2(1+t) - 2t)\,\vec{r}\,'(t)\,dt \;=$$

$$=\; \int_0^1 (6t + 2, 2t^3, t^3 + t^2 - 2t)\,\vec{r}\,'(t)\,dt \;=$$

$$=\; \int_0^1 (6t + 2, 2t^3, t^3 + t^2 - 2t)(2t, 2, 1)\,dt \;=$$

$$=\; \int_0^1 \left[2t(6t + 2) + 2 \cdot 2t^3 + 1 \cdot (t^3 + t^2 - 2t)\right] dt \;=$$

$$=\; \int_0^1 \left[12t^2 + 4t + 4t^3 + t^3 + t^2 - 2t\right] dt \;=$$

$$=\; \int_0^1 (5t^3 + 13t^2 + 2t)\,dt \;=$$

$$=\; \left[\frac{5}{4}t^4 + \frac{13}{3}t^3 + t^2\right]_0^1 \;=$$

$$=\; \frac{5}{4} + \frac{13}{3} + 1 \;=$$

$$=\; \frac{15 + 52 + 12}{12} \;=$$

$$=\; \frac{79}{12} = 6,58$$

Zu 2.)

Für die Parametergleichung einer Geraden durch die Punkte

$$P_1(0,0,0) \quad \text{und} \quad P_2(\pi,\pi,\pi)$$

ergibt sich

$$C^* : \vec{r}(t) = (0,0,0) + t\left[(\pi,\pi,\pi) - (0,0,0)\right] = (\pi t, \pi t, \pi t) \quad \text{für} \quad t \in [0,1]$$

Ebenso kann, wie folgt, geschrieben werden

$$\vec{r}(t) = (t,t,t) \quad \text{für} \quad t \in [0,\pi]$$

Zu 3.)

Für die Gerade durch die Punkte

$$P_1(0,0,0) \quad \text{und} \quad P_3(\pi,\pi,0)$$

ergibt sich

$$C_1 : \vec{r}(t) = (0,0,0) + t\left[(\pi,\pi,0) - (0,0,0)\right] = (\pi t, \pi t, 0) \quad \text{für} \quad t \in [0,1]$$

$$C_1 : \vec{r}(t) = (t,t,0) \quad \text{für} \quad t \in [0,\pi]$$

Für die Gerade durch die Punkte

$$P_3(\pi,\pi,0) \quad \text{und} \quad P_2(\pi,\pi,\pi)$$

ergibt sich

$$C_2 : \vec{r}(t) = (\pi,\pi,0) + t\left[(\pi,\pi,\pi) - (\pi,\pi,0)\right] = (\pi,\pi,0) + t(0,0,\pi) = (\pi,\pi,\pi t) \quad \text{für} \quad t \in [0,1]$$

$$C_2 : \vec{r}(t) = (1,1,t) \quad \text{für} \quad t \in [0,\pi]$$

Zu 4.)

Für die Integration gilt

$$\int\limits_{C^*} \vec{H}\,d\vec{r} \;=\; \int\limits_{C^*} \vec{H}(\vec{r}(t))d\vec{r} = \int\limits_0^1 (3\pi t + 2, \pi^2 t^2, \pi^2 t^2 - \pi t)(\pi, \pi, \pi)dr =$$

$$= \int\limits_0^1 \left[\pi(3\pi t + 2) + \pi(\pi^2 t^2) + \pi(\pi^2 t^2 - \pi t)\right] dt =$$

$$= \int\limits_0^1 \left[3\pi^2 t + 2\pi + \pi^3 t^2 + \pi^3 t^2 - \pi^2 t\right] dt =$$

$$= \int\limits_0^1 \left[2\pi^3 t^2 + 2\pi^2 t + 2\pi\right] dt =$$

$$= 2\pi^3 \int\limits_0^1 t^2 dt + 2\pi^2 \int\limits_0^1 t\,dt + 2\pi \int\limits_0^1 dt =$$

$$= \left[2\pi^3 \frac{t^3}{3} + 2\pi^2 \frac{t^2}{2} + 2\pi t\right]_0^1 =$$

$$= \frac{2}{3}\pi^3 + \pi^2 + 2\pi =$$

$$= \frac{2}{3}(3,14)^3 + (3,14)^2 + 2 \cdot 3,14 =$$

$$= 20,64 + 9,86 + 6,28 =$$

$$= 36,78$$

Zu 5.)

Für die Integration über die beiden Wege ergibt sich

$$\int_{C_1+C_2} \vec{H}\,d\vec{r} \;=\; \int_{C_1} \vec{H}\,d\vec{r} + \int_{C_2} \vec{H}\,d\vec{r} =$$

$$= \int_0^1 \left(3\pi t + 2, \pi^2 t^2, \pi^2 t^2 - \pi t\right) \cdot (\pi, \pi, 0)\,dt + \int_0^1 \left(3\pi + 2, \pi^2, \pi^2 t - \pi\right)(0,0,\pi)\,dt =$$

$$= \int_0^1 \left[\pi(3\pi t + 2) + \pi(\pi^2 t^2) + 0 \cdot (\pi^2 t^2 - \pi t)\right] dt + \int_0^1 (\pi^3 t - \pi^2)\,dt =$$

$$= \int_0^1 \left(3\pi^2 t + 2\pi + \pi^3 t^2\right) dt + \int_0^1 \left(\pi^3 t - \pi^2\right) dt =$$

$$= \pi^3 \int_0^1 t^2\,dt + 3\pi^2 \int_0^1 t\,dt + 2\pi \int_0^1 dt + \pi^3 \int_0^1 t\,dt - \pi^2 \int_0^1 dt =$$

$$= \left[\pi^3 \frac{t^3}{3} + 3\pi^2 \frac{t^2}{2} + 2\pi t + \pi^3 \frac{t^2}{2} - \pi^2 t\right]_0^1 =$$

$$= \frac{\pi^3}{3} + \frac{3}{2}\pi^2 + 2\pi + \frac{\pi^3}{2} - \pi^2 =$$

$$= \frac{2\pi^3 + 3\pi^3}{6} + \frac{1}{2}\pi^2 + 2\pi =$$

$$= \frac{5}{6}\pi^3 + \frac{1}{2}\pi^2 + 2\pi =$$

$$= \frac{5}{6}(3,14)^3 + \frac{1}{2}(3,14)^2 + 6,28 =$$

$$= 25,80 + 4,93 + 6,28 =$$

$$= 37,01$$

Zu 6.)

Es muss gelten

$$\frac{\partial}{\partial y}v_1 = \frac{\partial}{\partial x}v_2, \quad \frac{\partial}{\partial z}v_2 = \frac{\partial}{\partial y}v_3, \quad \frac{\partial}{\partial x}v_3 = \frac{\partial}{\partial z}v_1$$

Damit gilt dann weiter

$$\frac{\partial}{\partial y}(3y+2) \;=\; 3 = \frac{\partial}{\partial x}(xy) = y$$

$$\frac{\partial}{\partial z}(xy) \;=\; 0\,\frac{\partial}{\partial y}(xz-y) = -1$$

$$\frac{\partial}{\partial x}(xz-y) \;=\; z = \frac{\partial}{\partial z}(3y+2) = 0$$

Daraus ergibt sich durch die fehlende Übereinstimmung die Wegabhängigkeit.

Zu 7.)

Es gilt für die Divergenz

$$
\begin{aligned}
div\ \vec{H}(x,y,z) &= \frac{\partial}{\partial x}(3y+2) + \frac{\partial}{\partial y}(xy) + \frac{\partial}{\partial z}(xz-y) = \\
&= 0 + x + x = \\
&= 2x
\end{aligned}
$$

Zu 8.)

Für den Rotor gilt

$$
\begin{aligned}
rot\ \vec{H}(x,y,z) &= \left(\frac{\partial}{\partial y}v_3 - \frac{\partial}{\partial z}v_2, \frac{\partial}{\partial z}v_1 - \frac{\partial}{\partial x}v_3, \frac{\partial}{\partial x}v_2 - \frac{\partial}{\partial y}v_1\right) = \\
&= \left(\frac{\partial}{\partial y}(xz-y) - \frac{\partial}{\partial z}(xy), \frac{\partial}{\partial z}(3y+2) - \frac{\partial}{\partial x}(xz-y), \frac{\partial}{\partial x}(xy) - \frac{\partial}{\partial y}(3y+2)\right) = \\
&= (-1-0, 0-z, y-3) = \\
&= (-1, -z, y-3)
\end{aligned}
$$

Zu 9.)

Speziell für das obige Vektorfeld ergibt sich

$$
\begin{aligned}
div\ rot\ \vec{H}(x,y,z) &= div\ (-1, -z, y-3) = \\
&= \frac{\partial}{\partial x}(-1) + \frac{\partial}{\partial y}(-z) + \frac{\partial}{\partial z}(y+3) = \\
&= 0
\end{aligned}
$$

Aufgabe 4.24

Nach dem Satz von Gauß[1] ist das Integral

$$\iint\limits_{S} (\vec{F} \cdot \vec{N})\, dS$$

zu berechnen.

Es sei

$$\vec{F} : \mathbb{R}^3 \to \mathbb{R}^3$$

$$\vec{F} : (x, y, z) \mapsto \vec{F}(x, y, z) = (4xz, -y^2, yz)$$

ein Vektorfeld des $\mathbb{R}^3$.

Weiterhin sei S die Oberfläche des durch die Geraden

$$x = 0, x = 1, y = 0, y = 1, z = 0, z = 1$$

begrenzten Würfels.

---

[1]Hinweis: Eine direkte Berechnung des Oberflächenintegrals ist nicht Aufgabenstellung.

Lösung 4.24

Nach dem Satz von Gauß gilt

$$\iint\limits_{S} \left(\vec{F} \cdot \vec{N}\right) dS = \iiint\limits_{V} \nabla \cdot \vec{F} \, dV$$

Damit ergibt sich zunächst für das Skalarprodukt unter dem Dreifachintegral

$$
\begin{aligned}
\nabla \vec{F} &= \nabla \cdot \vec{F}(x, y, z) = \\
&= \nabla \cdot (4xz, -y^2, yz) = \\
&= \frac{\partial}{\partial x}(4xz) + \frac{\partial}{\partial y}(-y^2) + \frac{\partial}{\partial z}(yz) = \\
&= 4z - 2y + y = \\
&= 4z - y
\end{aligned}
$$

Damit gilt

$$
\iiint\limits_{V} \nabla \cdot \vec{F}\, dV \;=\; \iiint\limits_{V} (4z - y)\, dV =
$$

$$
= \int\limits_{x=0}^{1} \int\limits_{y=0}^{1} \int\limits_{z=0}^{1} (4z - y)\, dz\, dy\, dz =
$$

$$
= \int\limits_{x=0}^{1} \int\limits_{y=0}^{1} \left[2z^2 - yz \right]_{z=0}^{1} dy\, dx =
$$

$$
= \int\limits_{x=0}^{1} \int\limits_{y=0}^{1} (2 - y)\, dy\, dx =
$$

$$
= \int\limits_{x=0}^{1} \left[2y - \frac{y^2}{2} \right]_{y=0}^{1} dx =
$$

$$
= \int\limits_{x=0}^{1} \frac{3}{2}\, dx =
$$

$$
= \frac{3}{2} \int\limits_{x=0}^{1} dx =
$$

$$
= \left[\frac{3}{2} \cdot x \right]_{x=0}^{1} =
$$

$$
= \frac{3}{2}
$$

Aufgabe 4.25

Betrachtet werden die Punkte

$$P_1 = (1, -1), \quad P_2 = (1, 1), \quad P_3 = (-1, 1), \quad P_4 = (-1, -1) \in \mathbb{R}^2$$

welche im mathematisch positiven Drehsinn von einer Kurve C durchlaufen[2] werden und das Gebiet $G \subset \mathbb{R}^2$ einschließen.

Betrachtet werde weiterhin das Vektorfeld

$$\vec{V} : \mathbb{R}^2 \to \mathbb{R}^2$$

$$\vec{V} : (x, y) \mapsto \vec{V}(x, y) = \left(\frac{1}{3}(y^3 - x^3)x^2, x^3 y^2 \right)$$

1. Es ist eine Zeichnung anzufertigen und eine analytische Darstellung von G anzugeben.

2. Das Integral

$$\int_C \left\{ \frac{1}{3}(y^3 - x^3)x^2 dx + x^3 y^2 dy \right\}$$

ist zu bestimmen.

---

[2]Hinweis: Eine Parameterdarstellung der Kurve C ist weder aufzustellen, noch zu verwenden.

Lösung 4.25

Zu 1.)

Die analytische Darstellung der Kurve ergibt sich zu

$$G = \left\{ (x, y) \in \mathbb{R}^2 : -1 \leq x \leq 1, \ -1 \leq y \leq 1 \right\}$$

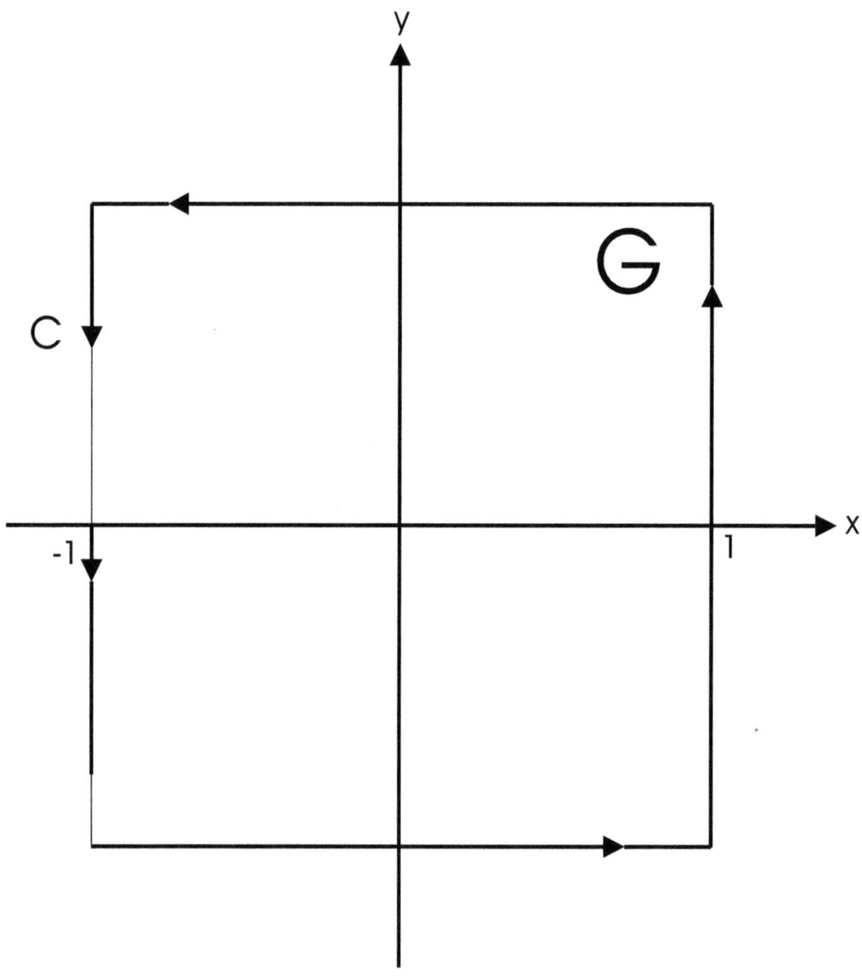

Abbildung 4.6: Kurve

Zu 2.)

Für die Integration ergibt sich nach dem Satz von Green

$$\int_C \left\{ \frac{1}{3}(y^2 - x^3)x^2 dx + x^3 y^2 dy \right\} = \iint_G \left\{ \frac{\partial}{\partial x}(x^3 y^2) - \frac{1}{3}\frac{\partial}{\partial y}(y^3 - x^3)x^2 \right\} d(x,y) =$$

$$= \iint_G (3x^2 y^2 - y^2 x^2) d(x,y) =$$

$$= \iint_G (2x^2 y^2) d(x,y) =$$

$$= 2 \iint_G x^2 y^2 d(x,y) =$$

$$= 2 \int_{-1}^{+1} \left\{ \int_{-1}^{+1} x^2 y^2 dx \right\} dy =$$

$$= \frac{4}{3} \int_{-1}^{+1} y^2 dy =$$

$$= \frac{8}{9}$$

Aufgabe 4.26

Es ist zu zeigen, dass das räumliche Vektorfeld

$$\vec{F} : (x, y, z) \mapsto \vec{F}(x, y, z) = \begin{pmatrix} 2xz + y^2 \\ 2xy \\ x^2 \end{pmatrix}$$

wirbelfrei ist und somit als Gradient eines skalaren Feldes

$$\varphi : (x, y, z) \mapsto \varphi(x, y, z)$$

darstellbar ist.

Das Potentialfeld ist zu bestimmen.

Lösung 4.26

Es gilt zunächst

$$rot\ \vec{F} = \left(\frac{\partial F_3}{\partial y} - \frac{\partial F_2}{\partial z}, \frac{\partial F_1}{\partial z} - \frac{\partial F_3}{\partial x}, \frac{\partial F_2}{\partial x} - \frac{\partial F_1}{\partial y} \right) =$$

$$= (0 - 0, 2x - 2x, 2y - 2y) =$$

$$= (0, 0, 0) =$$

$$= \vec{0}$$

Daraus ergibt sich, dass das Vektorfeld $\vec{F}$ wirbelfrei ist. Die Vektorkomponenten von $\vec{F}$ sind partielle Ableitungen erster Ordnung eines skalaren Feldes $\varphi(x, y, z)$. Damit ergibt sich

$$\frac{\partial \varphi}{\partial x} = 2xz + y^2 \quad \Rightarrow \quad \varphi = x^2 z + xy^2 + C_1(y, z)$$

$$\frac{\partial \varphi}{\partial y} = 2xy \quad \Rightarrow \quad \varphi = xy^2 + C_2(x, z)$$

$$\frac{\partial \varphi}{\partial z} = x^2 \quad \Rightarrow \quad \varphi = x^2 z + C_3(x, y)$$

Damit ergibt sich für das gesuchte Potentialfeld

$$\varphi(x, y, z) = xy^2 + x^2 z + C \quad C \in \mathbb{R}$$

Aufgabe 4.27

Betrachtet werde ein Vektorfeld

$$\vec{F} : \mathbb{R}^3 \to \mathbb{R}^3$$

$$\vec{F} : (x, y, z) \mapsto \vec{F}(x, y, z) = \begin{pmatrix} 2xz^2 + y^3z \\ axy^2z \\ 2x^2z + bxy^3 \end{pmatrix}$$

mit den Parametern $a, b \in \mathbb{R}$. Wie sind die beiden Parameter a und b zu wählen, damit

$$rot(\vec{F}) = \vec{0}$$

gilt?

Lösung 4.27

Es gilt

$$rot\ \vec{F} = \left(\frac{\partial F_3}{\partial y} - \frac{\partial F_2}{\partial z}, \frac{\partial F_1}{\partial z} - \frac{\partial F_3}{\partial x}, \frac{\partial F_2}{\partial x} - \frac{\partial F_1}{\partial y}\right) =$$

$$= (3bxy^2 - axy^2, 4xz + y^3 - 4xz + by^3, ay^2z - 3y^2z) =$$

$$= (3bxy^2 - axy^2, y^3 + by^3, ay^2z - 3y^2z) =$$

$$= ((3b - a)xy^2, (1 - b)y^3, (a - 3)y^2z) =$$

$$= \vec{0}$$

Hieraus ergibt sich

$$3b - a = 0$$

$$1 - b = 0 \Rightarrow b = 1$$

$$a - 3 = 0 \Rightarrow a = 3$$

Aufgabe 4.28

Betrachtet werde ein Vektorfeld

$$\vec{F} : \mathbb{R}^3 \to \mathbb{R}^3$$

mit

$$\vec{F} : (x, y, z) \mapsto \vec{F}(x, y, z)$$

und ein Vektorfeld

$$\vec{E} : \mathbb{R}^3 \to \mathbb{R}^3$$

mit

$$\vec{E} : (x, y, z) \mapsto \vec{E}(x, y, z)$$

Das Vektorfeld $\vec{F}$ sei als Rotation eines weiteren Feldes $\vec{E}$ darstellbar, d.h.

$$\vec{F}(x, y, z) = rot(\vec{E}(x, y, z))$$

Dann verschwindet das Oberflächenintegral von $\vec{F}$ für jede geschlossene Fläche A, d.h. es gilt

$$\iint_A (\vec{F} \cdot \vec{N}) dA = 0$$

Diese Aussage ist mittels des Gauß'schen Integralsatzes zu beweisen.

Lösung 4.28

Der Gauß'sche Integralsatz liefert für $\vec{F} = rot\ \vec{E}$

$$\iint\limits_{A} \left(\vec{F} \cdot \vec{N} \right) dA \;=\; \iint\limits_{A} \left[\left(rot\ \vec{E} \right) \cdot \vec{N} \right] dA =$$

$$= \iiint\limits_{V} \underbrace{div\ \left(rot\ \vec{E} \right)}_{0}\ dV =$$

$$= 0$$

Es ist der folgende Nachweis zu führen

$$div\ \left(rot\ \vec{E} \right) = 0$$

Mit

$$\vec{E} = E_1 \vec{e}_1 + E_2 \vec{e}_2 + E_3 \vec{e}_3$$

gilt zunächst

$$rot\ \vec{E} = \left(\frac{\partial}{\partial y} E_1 - \frac{\partial}{\partial z} E_2,\ \frac{\partial}{\partial z} E_1 - \frac{\partial}{\partial x} E_3,\ \frac{\partial}{\partial x} E_2 - \frac{\partial}{\partial y} E_1 \right)$$

Damit ergibt sich weiter

$$div\ \left(rot\ \vec{E} \right) \;=\; \frac{\partial}{\partial x} \left(\frac{\partial}{\partial y} E_3 - \frac{\partial}{\partial z} E_2 \right) + \frac{\partial}{\partial y} \left(\frac{\partial}{\partial z} E_1 - \frac{\partial}{\partial x} E_3 \right) + \frac{\partial}{\partial z} \left(\frac{\partial}{\partial x} E_2 - \frac{\partial}{\partial y} E_1 \right) =$$

$$= \left(\frac{\partial^2}{\partial z \partial y} E_1 - \frac{\partial^2}{\partial x \partial z} E_1 \right) + \left(\frac{\partial^2}{\partial x \partial z} E_2 - \frac{\partial^2}{\partial z \partial x} E_2 \right) + \left(\frac{\partial^2}{\partial y \partial x} E_3 - \frac{\partial^2}{\partial x \partial y} E_3 \right) =$$

$$= 0$$

Aufgabe 4.29

Betrachtet werde ein Vektorfeld

$$\vec{F} : \mathbb{R}^3 \to \mathbb{R}^3$$

$$\vec{F} : (x, y, z) \mapsto \vec{F}(x, y, z) = \begin{pmatrix} sin(y) \\ x cos(y) + sin(z) \\ y cos(z) \end{pmatrix}$$

1. Es ist nachzuweisen, dass es sich bei $\vec{F}$ um ein konservatives Feld handelt.

2. Die zugehörige Potentialfunktion

$$: \mathbb{R}^3 \to \mathbb{R}$$

$$\varphi : (x, y, z) \mapsto \varphi(x, yz)$$

ist zu bestimmen.

3. Das Kurvenintegral

$$\int_C \vec{F} \cdot d\vec{r}$$

ist für einen beliebigen Verbindungsweg C der beiden Punkte $P_1(0, 0, 0), P_2(5, \pi, 3\pi)$ zu berechnen.

<u>Hinweis</u>: Es kann die oben gewonnene Potentialfunktion herangezogen werden, d.h. das ermittelte Potential kann zur Erleichterung des Rechenweges verwendet werden.

Lösung 4.29

Zu 1.)

Für das vorliegende Vektorfeld sind die Integrabilitätsbedingungen erfüllt, d.h.

$$\frac{\partial}{\partial y} F_1 = \frac{\partial}{\partial x} F_2 = cos(y)$$

$$\frac{\partial}{\partial z} F_1 = \frac{\partial}{\partial x} F_3 = 0$$

$$\frac{\partial}{\partial z} F_2 = \frac{\partial}{\partial y} F_3 = cos(z)$$

Daraus wird geschlossen, dass es sich um ein konservatives Feld handelt. Alternativ kann über

$$rot\ \vec{F} = \vec{0}$$

der Nachweis ebenfalls erbracht werden.

Zu 2.)

Weiter ergibt sich

$$\frac{\partial}{\partial x}\varphi = F_1 = sin(y) \Rightarrow \varphi = xsin(y) + K_1(y,z)$$

$$\frac{\partial}{\partial y}\varphi = F_2 = xcos(y) + sin(z) \Rightarrow \varphi = xsin(y) + ysin(z) + K_2(x,z)$$

$$\frac{\partial}{\partial z}\varphi = F_3 = ycos(z) \Rightarrow \varphi = ysin(y) + K_3(x,y)$$

Damit ergibt sich für die Potentialfunktion

$$\varphi(x,y,z) = xsin(y) + ysin(z) + K \quad K \in \mathbb{R}$$

Zu 3.)

Das betrachtete Vektorfeld ist, wie nachgewiesen, konservativ, d.h. für beliebige Verbindungswege C der Punkte P_1, P_2 gilt

$$\int_C \vec{F}\,d\vec{r} = \int_{P_1}^{P_2} d\varphi = \varphi(P_2) - \varphi(P_1)$$

Weiter gilt

$$\varphi(P_1) \;=\; \varphi(x=0, y=0, z=0) = 0sin(0) + 0sin(0) + K = K$$

$$\varphi(P_2) \;=\; \varphi(x=5, y=\pi, z=3\pi) = 5sin(\pi) + (3\pi) + K = K$$

Damit ergibt sich weiter

$$\int\limits_{C} \vec{F}\,d\vec{r} = \int\limits_{P_1}^{P_2} d\varphi = \varphi(P_2) - \varphi(P_1) = K - K = 0$$

Ein alternativer Nachweis gelingt über den nachfolgenden Weg, ist jedoch etwas aufwändiger.

$$\vec{r} = (5t, \pi t, 3\pi t) \;\Rightarrow\; \frac{dr}{dt} = (5, \pi, 3\pi) \quad 0 \le t \le 1$$

$$\int\limits_{0}^{1} [sin(\pi t), 5t cos(\pi t) + sin(3\pi t), \pi t cos(3\pi t)] \cdot (5, \pi, 3\pi) dt = 0$$

Aufgabe 4.30

Betrachtet werde ein Vektorfeld

$$\vec{V} : \mathbb{R}^3 \to \mathbb{R}^3$$

$$\vec{V} : (x, y, z) \mapsto \vec{V}(x, y, z) = (-y, x, 1)$$

Die obere Halbkugel im $\mathbb{R}^3$ habe die folgende Darstellung

$$F : \left(f = \left(x, y, z = \sqrt{4 - x^2 - y^2} \right),\ S = \left\{ (x, y) : x^2 + y^2 \leq 4 \right\} \right)$$

Es sei G=F und in der xy-Ebene werde um den Nullpunkt ein Kreis mit Radius r=2 betrachtet, dessen Rand durch ∂S gegeben ist.

1. Zu bestimmen ist $rot\ \vec{V}(x, y, z)$

2. Der Normalenvektor $\vec{N}(x, y)$ ist allgemein anzugeben.

3. Es ist nachzuweisen, dass für die obigen Werte gilt

$$\vec{N}(x, y) = \left(\frac{x}{2}, \frac{y}{2}, \frac{\sqrt{4 - x^2 - y^2}}{2} \right)$$

4. Es ist zu zeigen

$$\left[rot\ \vec{V}(x, y, z) \right] \cdot \vec{N}(x, y) = z$$

5. Das Integral

$$\iint\limits_{G} \left(rot\ \vec{V} \right) \cdot \vec{N} d\sigma$$

ist über das Kurvenintegral zu bestimmen.

6. Es ist nachzuweisen, dass

$$2 \iint\limits_{x^2 + y^2 \leq 4} dx dy = 8\pi$$

Lösung 4.30

Zu 1.)

Für den Rotor ergibt sich

$$rot\ \vec{V}(x,y,z)\ =\ \left(\frac{\partial}{\partial y}1 - \frac{\partial}{\partial z}x, \frac{\partial}{\partial z}(-y) - \frac{\partial}{\partial x}1, \frac{\partial}{\partial x}x - \frac{\partial}{\partial y}(-y),\right) =$$

$$=\ (0 - 0, 0 - 0, 1 - (-1)) =$$

$$=\ (0, 0, 2)$$

Zu 2.)

Es gilt

$$\vec{N}(x,y) = \frac{\left(-\frac{\partial}{\partial x}z(x,y), -\frac{\partial}{\partial y}z(x,y), 1\right)}{\sqrt{\left[\frac{\partial}{\partial x}z(x,y)\right]^2 + \left[\frac{\partial}{\partial y}z(x,y)\right]^2 + 1}}$$

Zu 3.)

Für die partiellen Ableitungen ergibt sich

$$z_x = \frac{-x}{\sqrt{4 - x^2 - y^2}} \quad \Rightarrow \quad (z_x)^2 = \frac{x^2}{4 - x^2 - y^2}$$

$$z_y = \frac{-y}{\sqrt{4 - x^2 - y^2}} \quad \Rightarrow \quad (z_y)^2 = \frac{y^2}{4 - x^2 - y^2}$$

Eingesetzt ergibt sich

$$\vec{N}(x,y) = \left(\frac{x}{2}, \frac{y}{2}, \frac{\sqrt{4 - x^2 - y^2}}{2}\right)$$

Zu 4.)

Es gilt

$$rot\ \vec{V}(x,y,z) \cdot \vec{N}(x,y)\ =\ \begin{pmatrix} 0 \\ 0 \\ 2 \end{pmatrix} \cdot \begin{pmatrix} \frac{x}{2} \\ \frac{x}{2} \\ \frac{\sqrt{4-x^2-y^2}}{2} \end{pmatrix}$$

Zu 5.)

Für die Integration ergibt sich

$$\iint\limits_{G} (rot\ \vec{V}) \cdot \vec{N} d\sigma \;\;=\;\; \int\limits_{\partial G} (-y dx + x dy + dz) =$$

$$=\;\; \int\limits_{\partial G} (-y, x, 1))\vec{r}\,'(t) dt = (\star)$$

Bei der vorliegenden Kurve handelt es sich um einen Kreis mit Radius r=2 und es gilt

$$\vec{r}(t) = (2cos(t), 2sin(t), 0) \;\Rightarrow\; \vec{r}\,'(t) = (-2sin(t), 2cos(t), 0) \quad \text{mit} \quad 0 \le t \le 2\pi$$

Damit kann die oben begonnene Integration weitergeführt werden

$$(\star) \;\;=\;\; \int\limits_{0}^{2\pi} (-2sin(t), 2cos(t), 1) \cdot (-2sin(t), 2cos(t), 0) dt =$$

$$=\;\; \int\limits_{0}^{2\pi} (4sin^2(t) + 4cos^2(t)) dt =$$

$$=\;\; 4\int\limits_{0}^{2\pi} dt =$$

$$=\;\; 4 \cdot 2\pi =$$

$$=\;\; 8\pi$$

Zu 6.)

Für das Gebietsintegral ergibt sich mittels Umwandlung in Polarkoordinaten

$$2 \iint\limits_{x^2+y^2 \le 4} dx dy = 2 \int\limits_{0}^{\pi} \int\limits_{-2}^{+2} dr d\varphi$$

Detailliert geschieht dies folgendermaßen

$$\left.\begin{array}{l} x = rcos(\varphi) \\[2mm] y = rsin(\varphi) \end{array}\right\} \;\Rightarrow\; -2 \le r \le +2 \quad 0 \le \varphi \le \pi$$

Das in Polarkoordinaten vorliegende Integral kann, wie folgt, bestimmt werden

$$2\int\limits_{0}^{\pi} [r]^2_{-2}\, d\varphi = 2\int\limits_{0}^{\pi} 4 d\varphi = 2\,[4\varphi]_0^{\pi} = 2 \cdot 4\pi = 8\pi$$

Aufgabe 4.31

Betrachtet werde das Vektorfeld $\vec{F} : \mathbb{R}^3 \to \mathbb{R}^3$ mit

$$\vec{F} : (x,y,z) \mapsto \vec{F}(x,y,z) = (x^2, -z, xy)$$

und das Skalarenfeld $\varphi : \mathbb{R}^3 \to \mathbb{R}$ mit

$$\varphi : (x,y,z) \mapsto \varphi(x,y,z) = 3x^2yz^2$$

sowie die Kurve

$$C : \vec{r}(t) = (t^3, 2t, t^2) \quad \text{mit} \quad t \in [0,1]$$

1. Es sei $P \in \mathbb{R}^3$ mit $P = (1,1,1)$. Zu bestimmen ist

$$\vec{F}(1,1,1)$$

$$\varphi(1,1,1)$$

2. Zu bestimmen ist

$$grad(\varphi(x,y,z))$$

$$div(rot(\vec{F}))$$

$$rot(grad(\varphi))$$

$$div(\varphi\vec{F})$$

$$rot(\varphi\vec{F})$$

3. Mit

$$\vec{G} : (x,y,z) \mapsto \vec{G}(x,y,z) = (2x, -y, 3z^2)$$

ist

$$div(\vec{F} \times \vec{G})$$

zu bestimmen.

3. Zu bestimmen ist

$$\int_C \vec{F} \times d\vec{r}$$

4. Zu bestimmen ist

$$\int_C \varphi d\vec{r}$$

5. Zu untersuchen sind die beiden Felder $\vec{F}$ und $\vec{G}$ dahingehend, ob es sich um konservative Felder handelt. Die Antworten sind zu begründen. Was kann daraus geschlossen werden?

Lösung 4.31

Zu 1.)

$$\vec{F}(1,1,1) = (1,-1,1) \quad \text{und} \quad \varphi(1,1,1) = 3\cdot 1\cdot 1\cdot 1 = 3$$

Zu 2.)

Für die Gradienten ergibt sich allgemein

$$\begin{aligned}
grad\ \varphi(x,y,z) &= \frac{\partial}{\partial x}\varphi\vec{e}_1 + \frac{\partial}{\partial y}\varphi\vec{e}_2 + \frac{\partial}{\partial z}\varphi\vec{e}_3 = \\[2mm]
&= \left(\frac{\partial}{\partial x}\varphi, \frac{\partial}{\partial y}\varphi, \frac{\partial}{\partial z}\varphi\right) = \\[2mm]
&= \left(\frac{\partial}{\partial x}(3x^2yz^2), \frac{\partial}{\partial y}(3x^2yz^2), \frac{\partial}{\partial z}(3x^2yz^2)\right) = \\[2mm]
&= \left(6xyz^2, 3x^2z^2, 6x^2yz\right)
\end{aligned}$$

$$div\left(rot\left(\vec{F}\right)\right) = 0$$

$$rot\left(grad(\varphi)\right) = \vec{0}$$

Für $div\left(\varphi\cdot\vec{F}\right)$ gilt zunächst

$$\varphi\cdot\vec{F} = 3x^2yz^2\cdot(x^2,-z,xy) = (3x^4yz^2, -3x^2yz^3, 3x^3y^2z^2)$$

$$\begin{aligned}
div\left(\varphi\vec{F}\right) &= \frac{\partial}{\partial x}3x^4yz^2 + \frac{\partial}{\partial y}(-3x^2yz^3) + \frac{\partial}{\partial z}3x^3y^2z^2 = \\[2mm]
&= 12x^3yz^2 - 3x^2z^3 + 6x^3y^2z
\end{aligned}$$

$$\begin{aligned}
rot\left(\varphi\vec{F}\right) &= \left(\frac{\partial}{\partial y}3x^3y^2z^2 - \frac{\partial}{\partial z}(-3x^2yz^3)\right)\vec{e}_1 + \left(\frac{\partial}{\partial z}3x^4yz^2 - \frac{\partial}{\partial x}(3x^3y^2z^2)\right)\vec{e}_2 + \\[2mm]
&\quad \left(\frac{\partial}{\partial x}(-3x^2yz^3) - \frac{\partial}{\partial y}(3x^4yz^2)\right)\vec{e}_3 = \\[2mm]
&= (6x^3yz^2 + 9x^2yz^2)\vec{e}_1 + (6x^4yz - 9x^2z^2)\vec{e}_2 + (-6xyz^3 - 3x^4z^2)\vec{e}_3
\end{aligned}$$

Zu 3.)

Zunächst wird das Kreuzprodukt bestimmt

$$
\vec{F} \times \vec{G} \;=\; \begin{vmatrix} \vec{e}_1 & \vec{e}_2 & \vec{e}_3 \\ x^2 & -z & xy \\ 2x & -y & 3z^2 \end{vmatrix} \begin{matrix} \vec{e}_1 & \vec{e}_2 \\ x^2 & -z \\ x^2 & -y \end{matrix} \;=\;
$$

$$
=\; -3z^3\vec{e}_1 + 2x^2y\vec{e}_2 - x^2y\vec{e}_3 - \left(-2xz\vec{e}_3 + (-xy^2)\vec{e}_1 + 3x^2z^2\vec{e}_2\right) =
$$

$$
=\; (-3z^3 + xy^2)\vec{e}_1 + (2x^2y + 3x^2z^2)\vec{e}_2 + (-x^2y + 2xz)\vec{e}_3
$$

Damit gilt dann

$$
div\,\left(\vec{F} \times \vec{G}\right) \;=\; \frac{\partial}{\partial x}(-3z^3 + xy^2) + \frac{\partial}{\partial y}(2x^2y + 3x^2z^2) + \frac{\partial}{\partial z}(-x^2y + 2xz) =
$$

$$
=\; y^2 + 2x^2 + 2x
$$

Zu 4.)

Für das Integral über das Kreuzprodukt ergibt sich zunächst

$$
\int\limits_C \vec{F} \times d\vec{r} \;=\; \int\limits_C \vec{F}(x(t), y(t), z(t)) \times d\vec{r} =
$$

$$
=\; \int\limits_C \vec{F}(x(t), y(t), z(t)) \times \vec{r}'(t)dt =
$$

$$
=\; \int\limits_C \vec{F}(t^3, 2t, t^2) \times (3t^2, 2, 2t)dt =
$$

$$
=\; \int\limits_C (t^6, -t^2, 2t^4) \times (3t^2, 2, 2t)dt \;=\; (\star)
$$

Für die Bestimmung des aufgetretenen Kreuzproduktes ergibt sich

$$
\begin{vmatrix} \vec{e}_1 & \vec{e}_2 & \vec{e}_3 \\ t^6 & -t^2 & 2t^4 \\ 3t^2 & 2 & 2t \end{vmatrix} \begin{matrix} e_1 & \vec{e}_2 \\ t^6 & -t^2 \\ 3t^2 & 2 \end{matrix} \;=\; -2t^3\vec{e}_1 + 6t^6\vec{e}_2 + 2t^6\vec{e}_3 - (-3t^4\vec{e}_3 + 4t^4\vec{e}_1 + 2t^7\vec{e}_2) =
$$

$$
=\; (-2t^3 - 4t^4)\vec{e}_1 + (6t^6 - 2t^7)\vec{e}_2 + (2t^6 + 3t^4)\vec{e}_3
$$

Damit gilt weiter

$$(\star) \;=\; \int_0^1 (-2t^3 - 4t^4)\,dt\,\vec{e}_1 + \int_0^1 (6t^6 - 2t^7)\,dt\,\vec{e}_2 + \int_0^1 (2t^6 + 3t^4)\,dt\,\vec{e}_3 =$$

$$=\; \left[-2\frac{t^4}{4} - 4\frac{t^5}{5}\right]_0^1 \vec{e}_1 + \left[6\frac{t^7}{7} - 2\frac{t^8}{8}\right]_0^1 \vec{e}_2 + \left[2\frac{t^7}{7} + 3\frac{t^5}{5}\right]_0^1 \vec{e}_3 =$$

$$=\; \left(-\frac{1}{2} - \frac{4}{5}\right)\vec{e}_1 + \left(\frac{6}{7} - \frac{1}{4}\right)\vec{e}_2 + \left(\frac{2}{7} + \frac{3}{5}\right)\vec{e}_3 =$$

$$=\; -\frac{13}{10}\vec{e}_1 + \frac{17}{28}\vec{e}_2 + \frac{31}{35}\vec{e}_3 =$$

$$=\; \left(-\frac{13}{10}, \frac{17}{28}, \frac{31}{35}\right) =$$

$$=\; (-1,3/0,61/0,89)$$

Zu 5.)

Für die Integration ergibt sich

$$\int\limits_C \varphi d\vec{r} = \int\limits_C 3x^2 y z^2 d\vec{r} = (\star)$$

Weiter gilt

$$\left. \begin{array}{l} \vec{r}(t) = (t^3, 2t, t^2) \quad t \in [0,1] \\ \vec{r}\,'(t) = (3t^2, 2, 2t) \end{array} \right\} \;\Rightarrow\; d\vec{r}(t) = (3t^2, 2, 2t)dt$$

Damit ergibt sich weiter für die Integration

$$(\star) \;=\; \int\limits_0^1 \varphi(t^3, 2t, t^2) \cdot (3t^2, 2, 2t)dt =$$

$$=\; \int\limits_0^1 3t^6 \cdot 2t \cdot t^4 \cdot (3t^2, 2, 2t)dt =$$

$$=\; \int\limits_0^1 6t^{11}(3t^2, 2, 2t)dt =$$

$$=\; \int\limits_0^1 (18t^{13}, 12t^{11}, 12t^{12}dt) =$$

$$=\; \int\limits_0^1 18t^{13}dt\,\vec{e}_1 + \int\limits_0^1 12t^{11}dt\,\vec{e}_2 + \int\limits_0^1 12t^{12}dt\,\vec{e}_3 =$$

$$=\; \left[18\frac{t^{14}}{14}\right]_0^1 \vec{e}_1 + \left[12\frac{t^{12}}{12}\right]_0^1 \vec{e}_2 + \left[12\frac{t^{13}}{13}\right]_0^1 \vec{e}_3 =$$

$$=\; \frac{18}{14}\vec{e}_1 + 1 \cdot \vec{e}_2 + \frac{12}{13}\vec{e}_3 =$$

$$=\; \left(\frac{9}{7}, 1, \frac{12}{13}\right) =$$

$$=\; (1,29/1/0,92)$$

Zu 6.)

Über die Schwarzsche Gleichung kann untersucht werden, ob es sich um ein konservatives oder nicht konservatives Feld handelt.

$$\frac{\partial}{\partial y}v_1 = \frac{\partial}{\partial x}v_2, \quad \frac{\partial}{\partial z}v_2 = \frac{\partial}{\partial y}v_3, \quad \frac{\partial}{\partial x}v_3 = \frac{\partial}{\partial z}v_1$$

Betrachtet werde das Feld

$$\vec{F}(x,y,z) = (x^2, -z, xy)$$

Hierfür gilt nach der Schwarzschen Gleichung

$$\frac{\partial}{\partial y}x^2 = 0 = \frac{\partial}{\partial x}(-z) \quad \frac{\partial}{\partial z}(-z) = -1 \neq \frac{\partial}{\partial y}x \quad \frac{\partial}{\partial x}3z^2 = 0 = \frac{\partial}{\partial z}2x = 0$$

Damit ist gezeigt, dass die Schwarzsche Gleichung nicht erfüllt ist und kein konservatives Feld vorliegt.

Betrachtet werde das Feld

$$\vec{G}(x,y,z) = (2x, -y, 3z^2)$$

Hierfür gilt nach der Schwarzschen Gleichung

$$\frac{\partial}{\partial y}2x = 0 = \frac{\partial}{\partial x}(-y) \quad \frac{\partial}{\partial z}(-y) = 0 = \frac{\partial}{\partial y}3z^2 \quad \frac{\partial}{\partial x}3z^2 = 0 = \frac{\partial}{\partial z}2x = 0$$

Damit ist gezeigt, dass die Schwarzsche Gleichung erfüllt ist und ein konservatives Feld vorliegt.

Aufgabe 4.32

Betrachtet werde das Vektorfeld

$$\vec{V} : \mathbb{R}^2 \to \mathbb{R}^2$$

$$\vec{V} : (x,y) \mapsto \vec{V}(x,y) = (x^2 + 2y, x + y^2)$$

Durch die Funktion $y = x + 1$ werde eine Kurve C_1 beschrieben, welche die Punkte $A(0/1)$ und $B(2/3)$ verbindet. Weiter werde eine Kurve C_2 mit x=y-1 betrachtet.

Zu bestimmen sind die beiden Kurvenintegrale jeweils vom Ausgangspunkt A zum Endpunkt B.

1.

$$\int_{C_1} P(x,y)dx + Q(x,y)dy$$

2.

$$\int_{C_2} P(x,y)dx + Q(x,y)dy$$

Lösung 4.32

Zu 1.)

Es gilt zunächst

$$\int_{C_1} P(x,y)dx + Q(x,y)dy = \int_{C_1} \left[x^2 + 2\left(\underbrace{x+1}_{y} \right) \right] dx + \left[x + \underbrace{x^2 + 2x + 1}_{y^2} \right] dx = (\star)$$

Die nachfolgende Substitution führt zum nächsten Integral

$$\frac{dy}{dx} = 1 \;\Rightarrow\; dy = dx \quad x_1 = 0,\; x_2 = 0$$

$$\begin{aligned}
(\star) &= \int_0^2 \left(2x^2 + 5x + 3 \right) dx = \\[2mm]
&= \left[2\frac{x^3}{3} + 5\frac{x^2}{2} + 3x \right]_0^2 = \\[2mm]
&= \frac{64}{3}
\end{aligned}$$

Zu 2.)

Für die andere Kurve ergibt sich

$$\begin{aligned}
\int_{C_2} P(x,y)dx + Q(x,y)dy &= \int_1^3 \left[(y-1)^2 + 2y \right] dy + \int_1^3 (y-1+y)^2 dy = \\[2mm]
&= \left[\frac{y^3}{3} + y \right]_1^3 + \left[\frac{y^2}{2} - y + \frac{y^3}{3} \right]_1^3 = \\[2mm]
&= \frac{64}{3}
\end{aligned}$$

Aufgabe 4.33

Betrachtet werde ein dreidimensionales Vektorfeld

$$\vec{V} : \mathbb{R}^3 \to \mathbb{R}^3$$

$$\vec{V} : (x,y,z) \mapsto \vec{V}(x,y,z) = (xz^2, x^2y - z^3, 2xy + y^2z)$$

und die Menge S mit

$$S = \left\{ (x,y,z) \in \mathbb{R}^3 \mid 0 \le x^2 + y^2 \le 1,\ 0 \le z \le \sqrt{1 - (x^2 + y^2)} \right\}$$

welche einen Standardbereich $S \subset D \subset \mathbb{R}^3$ darstellt. Auf dem Rand ∂S von S werde der äußere Normalenvektor $\vec{N}(x,y,z)$ definiert.

1. Es ist $div\ \vec{V}(x,y,z)$ zu bestimmen.

2. Es gelte

$$\iiint\limits_S div\ \vec{V}\ d(x,y,z)$$

Es sind sphärische Polarkoordinaten einzuführen und die Integrandenfunktionen ist darin anzugeben.

3. Es ist Integrationsgebiet $\tilde{S}$ allgemein anzugeben.

4. Das Volumenelement ist in sphärischen Polarkoordinaten zu bestimmen.

5. Es ist S in $\tilde{S}$ überzuführen und die neuen Integrationsgrenzen sind anzugeben.

6. Das Integral

$$J = \iint\limits_{\partial S} \left(\vec{V} \cdot \vec{N} \right) d\sigma$$

ist zu bestimmen.

Lösung 4.33

Zu 1.)

Für die Divergenz ergibt sich

$$\operatorname{div} \vec{V} = \frac{\partial}{\partial x}xz^2 + \frac{\partial}{\partial y}(x^2y - z^3) + \frac{\partial}{\partial z}(2xy + y^2z) = z^2 + x^2 + y^2$$

Zu 2.)

Für die Integration gilt

$$\iiint\limits_{S} \operatorname{div} \vec{V}(x,y,z) = \iiint\limits_{S} (z^2 + x^2 + y^2)d(x,y,z)$$

Die Umformung der Integrandenfunktion in Polarkoordinaten ergibt sich zu

$$x = r\cos(\varphi)\cos(\vartheta) \;\Rightarrow\; x^2 = r^2\cos^2(\varphi)\cos^2(\vartheta)$$

$$y = r\sin(\varphi)\cos(\vartheta) \;\Rightarrow\; y^2 = r^2\sin^2(\varphi)\cos^2(\vartheta)$$

$$z = r\sin(\vartheta) \;\Rightarrow\; z^2 = r^2\sin^2(\vartheta)$$

Angewandt auf die Integrandenfunktion

$$
\begin{aligned}
x^2 + y^2 + z^2 &= r^2\cos^2(\varphi)\cos^2(\vartheta) + r^2\sin^2(\varphi)\cos^2(\vartheta) + r^2\sin^2(\vartheta) = \\
&= r^2\left[\cos^2(\varphi)\cos^2(\vartheta) + \sin^2(\varphi)\cos^2(\vartheta) + \sin^2(\vartheta)\right] = \\
&= r^2\left[\cos^2(\vartheta)\underbrace{\left\{\cos^2(\varphi) + \sin^2(\varphi)\right\}}_{=1} + \sin^2(\vartheta)\right] = \\
&= r^2\left[\underbrace{\cos^2(\vartheta) + \sin^2(\vartheta)}_{=1}\right] = \\
&= r^2
\end{aligned}
$$

Zu 3.)

Für das Integrationsgebiet ergibt sich

$$\tilde{S} = \left\{(r,\varphi,\vartheta) : 0 < r <, \; 0 < \varphi < 2\pi, \; -\frac{\pi}{2} < \vartheta < +\frac{\pi}{2}\right\}$$

Zu 4.)

Für das Volumenelement ergibt sich

$$dK = r^2 sin(\vartheta)d\vartheta dr$$

Zu 5.)

Die neuen Integrationsgrenzen ergeben sich durch den Übergang

$$S \rightsquigarrow \tilde{S}$$

zu

$$0 \leq x^2 + y^2 \leq 1 \ \Rightarrow\ 0 \leq r^2 cos^2(\vartheta) \leq 1$$

$$0 \leq z \leq \sqrt{1 - (x^2 + y^2)} \ \ 0 \leq r sin(\vartheta) \leq \sqrt{1 - r^2 cos^2(\vartheta)}$$

$$0 \leq r^2 sin^2(\vartheta) \leq 1 - r^2 cos^2(\vartheta) \ \Rightarrow\ 0 \leq r^2 sin^2(\vartheta) + r^2 cos^2(\vartheta) \leq 1 \ \Rightarrow\ 0 \leq r^2 \leq 1 \ \Rightarrow\ 0 \leq r \leq 1$$

Für einen Kreis in der xy-Ebene gilt

$$0 \leq \vartheta \leq \frac{\pi}{2}$$

Für die Halbkugel im $\mathbb{R}^3$ gilt

$$0 \leq \varphi \leq 2\pi$$

Zu 6.)

Mit diesen Voraussetzungen kann die Integration durchgeführt werden

$$\iiint\limits_{S} (z^2 + x^2 + y^2)d(x,y,z) \;=\; \int\limits_{0}^{1}\int\limits_{0}^{\frac{\pi}{2}}\int\limits_{0}^{2\pi} r^4 sin(\vartheta)d\varphi d\vartheta dr =$$

$$= \int\limits_{0}^{1}\int\limits_{0}^{\frac{\pi}{2}} \left[\varphi r^4 sin(\vartheta)\right]_{0}^{2} d\vartheta dr =$$

$$= \int\limits_{0}^{1}\int\limits_{0}^{\frac{\pi}{2}} 2^4 sin(\vartheta)d\vartheta dr =$$

$$= \int\limits_{0}^{1} \left[2\pi r^4(-cos(\vartheta))\right]_{0}^{\frac{\pi}{2}} dr =$$

$$= \int\limits_{0}^{1} 2\pi r^4 \left[-cos\left(\frac{\pi}{2}\right) + cos(0)\right] dr =$$

$$= \int\limits_{0}^{1} 2\pi r^4 dr =$$

$$= \left[2\pi \frac{r^5}{5}\right]_{0}^{1} =$$

$$= \frac{2}{5}\pi$$

Aufgabe 4.34

Die Menge

$$S = \left\{ (x, y) : 0 \le x^2 + y^2 \le 1 \right\}$$

stellt im $\mathbb{R}^2$ das Innere und den Rand eines Kreises dar. Weiterhin werde das ebene Vektorfeld

$$\vec{V} : \mathbb{R}^2 \to \mathbb{R}^2$$

$$\vec{V} : (x, y) \mapsto \vec{V}(x, y) = (x^4 - y^3, x^3 - y^4)$$

betrachtet.

Es ist das Integral

$$\int_{\partial S} P(x, y)dx + Q(x, y)dy$$

zu bestimmen.

Lösung 4.34

Zu bestimmen ist ein Kurvenintegral, welches, wie folgt, auf ein Doppelintegral
zurückgeführt wird. Der Lösungsweg ist abhängig vom Einzelfall zu entscheiden, da
nicht generell festgestellt werden kann, welcher Weg der einfachere ist.

$$\int_{\partial S} \left[(x^4 - y^3)dx + (x^3 - y^4)dy \right] =$$

$$= -\iint_S \left[\frac{\partial}{\partial y}(x^4 - y^3) - \frac{\partial}{\partial x}(x^4 - y^3) \right] d(x,y) =$$

$$= -\iint_S \left[-3y^2 - 3x^2 \right] d(x,y) = 3 \iint_S (x^2 + y^2)d(x,y) = (\star)$$

Es bietet sich vereinfachend die Einführung von Polarkoordinaten an, wobei in die-
sem Fall auch eine Berechnung mit kartesischen Koordinaten möglich wäre. Dies ist
aber generell nicht der Fall.

$$x = r\cos(\varphi), \ y = r\sin(\varphi) \ \Rightarrow \ F(r,\varphi) = r^2, \ 0 \leq r \leq 1, \ 0 \leq \varphi \leq 2\pi$$

Damit ergibt sich für die Integration

$$(\star) = 3 \int_0^1 \left\{ \int_0^{2\pi} r^2 \cdot r \, d\varphi \right\} dr = 3 \int_0^1 \left\{ \int_0^{2\pi} r^3 \, d\varphi \right\} dr =$$

$$= 3 \int_0^1 \left[r^3 \varphi \right]_0^{2\pi} dr = 3 \int_0^1 r^3 2\pi dr = 6\pi \int_0^1 r^3 \, dr = 6\pi \left[\frac{r^4}{4} \right]_0^1 = 6\pi \cdot \frac{1}{4} = \frac{3}{2}\pi$$

Aufgabe 4.35

Betrachtet werde eine Fläche F in Parameterdarstellung und eine Menge

$$S = \left\{ (u,v) : 0 \leq u^2 + v^2 \leq 2 \right\}$$

des Raumes $\mathbb{R}^2$.

Es ist nachzuweisen, dass für das Oberflächenintegral

$$\iint\limits_{F} G d\sigma$$

mit

$$G(x,y) = x^2 + y^2$$

$$\iint\limits_{F} G d\sigma = \iint\limits_{S} (u^2 + v^2)\sqrt{1 + 4u^2 + 4v^2}\, d(u,v) = \frac{149}{30}\pi$$

gilt.

Lösung 4.35

Es gilt

$$\iint_S (u^2 + v^2)\sqrt{1 + 4u^2 + 4v^2}\,d(u,v) =$$

$$= \int_0^{2\pi} \left\{ \int_0^{\sqrt{2}} \left[r^2 cos^2(\varphi) + r^2 sin^2(\varphi) \right]\sqrt{1 + 4r^2 cos(\varphi) + 4r^2 sin^2(\varphi)}\,r\,dr \right\} d\varphi =$$

$$= \int_0^{2\pi} \int_0^{\sqrt{2}} r^3\sqrt{1 + 4r^2}\,dr\,d\varphi =$$

$$= \int_0^{\sqrt{2}} \left\{ \int_0^{2\pi} r^3\sqrt{1 + 4r^2}\,d\varphi \right\} dr =$$

$$= \int_0^{\sqrt{2}} \left\{ \left[\varphi r^3 \sqrt{1 + 4r^2} \right]_0^{2\pi} \right\} =$$

$$= 2\pi \int_0^{\sqrt{2}} r^3 \sqrt{1 + 4r^2}\,dr = (\star)$$

Diese Integral wird durch die nachfolgende Substitution gelöst.

$$\rho := \sqrt{1 + 4r^2} \ \Rightarrow \ \frac{d\rho}{dr} = \frac{1}{2\sqrt{1 + 4r^2}} \cdot 8r \ \Rightarrow \ dr = \frac{d\rho\sqrt{1 + 4r^2}}{4r}$$

Für die Grenzen, welche ebenfalls der Substitution unterzogen werden, gilt dann

$$\rho_1 = 1, \ \rho_2 = 3$$

Damit kann dann, wie folgt, weiter integriert werden

$$(\star) = 2\pi \int_0^{\sqrt{2}} r^3 \sqrt{1 + 4r^2}\,dr =$$

$$= 2\pi \int_1^3 r^3 \cdot \rho \cdot \frac{d\rho\sqrt{1 + 4r^2}}{4r} =$$

$$= 2\pi \int_1^3 r^2 \cdot \rho d\rho \cdot \rho \cdot \frac{1}{4} =$$

$$= \frac{\pi}{2} \int\limits_{1}^{3} \rho^3 \cdot r^2 d\rho = (\star)$$

Zur endgültigen Bestimmung des Integrals wird die nachfolgende Substitution erforderlich

$$\rho^2 = \sqrt{1 + 4r^2} \;\Rightarrow\; \rho^2 - 1 = 4r^2 \;\Rightarrow\; r^2 = \frac{1}{4}(\rho^2 - 1)$$

Damit wird, wie folgt, die Iteration abgeschlossen

$$(\star) = \frac{\pi}{2} \int\limits_{1}^{3} \rho^3 \cdot r^2 d\rho = \frac{\pi}{8} \int\limits_{1}^{3} \rho^2 (\rho^2 - 1) d\rho = \frac{149}{30}\pi$$

Aufgabe 4.36

Es sei

$$\varphi : \mathbb{R}^3 \to \mathbb{R}$$

mit

$$\varphi : (x, y, z) \mapsto \varphi(x, y, z)$$

eine Funktion. Mit dem Laplace-Operator

$$\Delta = \frac{\partial^2}{\partial x^2} + \frac{\partial^2}{\partial y^2} + \frac{\partial^2}{\partial z^2}$$

werde die Laplace'sche Differentialgleichung

$$\Delta\varphi(x, y, z) = 0$$

betrachtet. Die Lösungen dieser homogenen partiellen Differentialgleichung 2. Ordnung werden als harmonische Funktionen bezeichnet.

Im $\mathbb{R}^2$ werde die Funktion

$$\varphi : \mathbb{R}^2 \to \mathbb{R} \quad \text{mit} \quad \varphi : (x, y) \mapsto \varphi(x, y) = ln\left(\frac{1}{r}\right) \quad (r > 0)$$

betrachtet. Es ist nachzuweisen, dass

$$\varphi = ln\left(\frac{1}{r}\right)$$

eine Lösung der Laplace-Gleichung darstellt.

Lösung 4.36

Im $\mathbb{R}^2$ gilt

$$r = \sqrt{x^2 + y^2}$$

Damit kann die Funktion φ, wie folgt, geschrieben werden

$$
\begin{aligned}
\varphi &= \ln\left(\frac{1}{r}\right) = \\
&= \ln(1) - \ln(r) = \\
&= -\ln\left[\sqrt{x^2 + y^2}\right] = \\
&= -\frac{1}{2}\ln\left(x^2 + y^2\right)
\end{aligned}
$$

Die partiellen Ableitungen der Funktion φ ergeben sich zu

$$
\begin{aligned}
\frac{\partial}{\partial x}\varphi(x,y) &= \frac{\partial}{\partial x}\left[-\frac{1}{2}\ln\left(x^2 + y^2\right)\right] = \\
&= -\frac{1}{2}\frac{\partial}{\partial x}\left[\ln\left(x^2 + y^2\right)\right] = \\
&= -\frac{1}{2}\cdot\frac{1}{x^2 + y^2}\cdot(2x) = \\
&= -\frac{x}{x^2 + y^2}
\end{aligned}
$$

$$
\begin{aligned}
\frac{\partial}{\partial x\partial x}\varphi(x,y) &= \frac{\partial}{\partial x}\left[-\frac{x}{x^2 + y^2}\right] = \\
&= -\frac{(x^2 + y^2)\cdot 1 - x\cdot(2x)}{(x^2 + y^2)^2} = \\
&= -\frac{x^2 + y^2 - 2x^2}{(x^2 + y^2)^2} = \\
&= \frac{x^2 - y^2}{(x^2 + y^2)^2}
\end{aligned}
$$

$$\frac{\partial}{\partial y}\varphi(x,y) \;=\; \frac{\partial}{\partial y}\left[-\frac{1}{2}ln\left(x^2+y^2\right)\right] =$$

$$=\; -\frac{1}{2}\frac{\partial}{\partial y}\left[ln\left(x^2+y^2\right)\right] =$$

$$=\; -\frac{1}{2}\cdot\frac{1}{x^2+y^2}\cdot(2y) =$$

$$=\; -\frac{y}{x^2+y^2}$$

$$\frac{\partial}{\partial y\partial y}\varphi(x,y) \;=\; \frac{\partial}{\partial y}\left[-\frac{y}{x^2+y^2}\right] =$$

$$=\; -\frac{(x^2+y^2)\cdot 1 - y\cdot(2y)}{(x^2+y^2)^2} =$$

$$=\; -\frac{x^2+y^2-2y^2}{(x^2+y^2)^2} =$$

$$=\; \frac{y^2-x^2}{(x^2+y^2)^2}$$

Eingesetzt in die partielle Differentialgleichung ergibt sich

$$\Delta\varphi(x,y) \;=\; \frac{\partial}{\partial x\partial x}\varphi(x,y) + \frac{\partial}{\partial y\partial y}\varphi(x,y) =$$

$$=\; \frac{x^2-y^2}{(x^2+y^2)^2} + \frac{y^2-x^2}{(x^2+y^2)^2} =$$

$$=\; 0$$

und damit ist die partielle Differentialgleichung erfüllt.

Literatur

[1] NEUMAYER, B./ KAUP, S.: Mathematik für Ingenieure I. Shaker Verlag. Aachen 2003 ISBN 3-8322-1080-6

[2] NEUMAYER, B./ KAUP, S.: Mathematik für Ingenieure II. Shaker Verlag. Aachen 2003 ISBN 3-8322-1666-9

[3] NEUMAYER, B./ KAUP, S.: Mathematik für Ingenieure III. Shaker Verlag. Aachen 2004 ISBN 3-8322-2788-1

[4] NEUMAYER, B./ KAUP, S.: Mathematik für Ingenieure III. Aufgaben und Lösungen. Verlag Wissenschaft und Kunst. Würzburg 2006 ISBN 3-00-017990-9